环境与资源博士文库（第3辑）

遥感技术在自动化森林资源清查中的应用研究

Research on the Application of Remote Sensing Technology in Automated Inventory of Forest Resources

柯樱海　李小娟　宫辉力　著

U0293710

中国环境出版社·北京

图书在版编目（CIP）数据

遥感技术在自动化森林资源清查中的应用研究/柯樱海,李小娟,宫辉力著. —北京：中国环境出版社,2015.3
（环境与资源博士文库. 第3辑）
ISBN 978-7-5111-2204-9

Ⅰ. ①遥… Ⅱ. ①柯…②李…③宫… Ⅲ. ①遥感技术—应用—森林资源调查—研究 Ⅳ. ①S757.2-39

中国版本图书馆 CIP 数据核字（2015）第 010623 号

出 版 人	王新程	
责任编辑	沈　建	
助理编辑	宾银平	
责任校对	尹　芳	
封面设计	彭　杉	

出版发行　中国环境出版社
　　　　　（100062　北京市东城区广渠门内大街 16 号）
　　　　　网　　　址：http://www.cesp.com.cn
　　　　　电子邮箱：bjgl@cesp.com.cn
　　　　　联系电话：010-67112765（编辑管理部）
　　　　　　　　　　010-67113412（教材图书出版中心）
　　　　　发行热线：010-67125803，010-67113405（传真）
印　　刷　北京中科印刷有限公司
经　　销　各地新华书店
版　　次　2015 年 4 月第 1 版
印　　次　2015 年 4 月第 1 次印刷
开　　本　880×1230　1/32
印　　张　6.25
字　　数　134 千字
定　　价　25.00 元

前　言

　　森林资源在全球生态、环境以及社会经济中起着举足轻重的作用。森林资源清查致力于获取有关森林资源分布及森林质量的参数，包括森林分布、树木种类、冠幅以及树木健康状况等。现代遥感技术的快速发展为森林资源快速、准确、自动化的调查与分析提供了巨大的机会。本书旨在探讨利用遥感数据在森林林分层面及单株立木层面上实现森林资源的自动调查与分析的方法。

　　在森林林分尺度上，本书探讨了利用高空间分辨率多光谱遥感影像与激光雷达（LIDAR）数据的协同在森林树种分类中的应用。研究基于面向对象方法，利用机器学习决策树来建立分类规则集，从而实现对森林树种的分类。结果表明，协同利用光谱数据与 LIDAR 数据，无论在图像分割环节还是面向对象分类环节中，其分类结果都优于单一使用其中任意一种数据。

　　在单株立木尺度上，本书探讨了基于高分辨率遥感影像进行单株立木树冠自动提取和勾勒方法。基于对现有方法的综述，本书比较了其中较有代表性的三种方法——分水岭算法、区域生长算法和低谷跟踪算法。三种算法分别应用于航空真彩色正射影像以及入射角为 11°的卫星遥感影像采集的阔叶林与针叶林林地影像，以比较算法在不同森林树种条件下、不同遥感影像上的性能。同时，本书提出了单株立木树冠检测与勾勒的精度评估框架。基于对现有算法的比较和理解，本书提出了一个新的可适用于多种遥感成像条件的单株立木树冠自动检测和勾勒方法。这个新方法基于主动轮廓模型和爬山算法建立，综合考虑不同种图像的光谱和几何特征，并且利用森林林分的专家知识来提高树冠检测的精度。和现有算法相比，新方法在三种图像类型中对树冠提取的精度均有不同程度的提高，并能够提供准确的冠幅估测值，这可为进一步基于冠幅的林木蓄积量估算、林木种群分类和树木健康分析提供准确的输入参数。

本书由柯樱海主笔，李小娟、宫辉力为本书提供整体框架指导。研究生李丹、吴燕晨等参与部分工作，在此表示谢意。由于编写人员水平有限，书中难免会存在诸多不足，敬请专家、读者不吝指正。

目　录

遥感技术在自动化森林资源清查中的应用研究

第1章 绪 论

1.1 引言

　　森林是地球上分布最广的生态系统,在世界环境、经济和社会中扮演着重要的角色。森林资源是自然界最重要的资源之一,它们不仅为人类生产和经济生活提供多种木材和原材料,同时也为野生动物提供了赖以生存的栖息地,是生物多样性保护的基础。不仅如此,森林通过气候调节、水土保持、碳储存、将温室气体二氧化碳转换为氧气等方式影响着全球的环境。目前,随着森林滥伐、土地沙漠化、生物多样性的减少以及臭氧水平的抬升日趋严重,森林资源的可持续管理显得尤为必要(Davis et al.,2001)。有效的森林资源管理需要对森林参数进行及时、一致和准确的描述,这些参数包括:森林林分的位置、空间范围、物种组成和结构,单株立木的种类、健康状况和尺寸大小,以及与单株立木生长、死亡、采伐等相关的时序参数。

　　一般来说,森林资源的相关参数是由森林资源清查的方式来收集。传统的森林资源清查一般包括对预先设定好的样地中的每棵树的相关参数进行周期性的实地测量采集。从 20 世纪早期开始，航拍相片的目视解译已经用于森林资源清查和分析（Hagan et al.，1987；Alemdag，1986；Pitt et al.，1993）。然而，实地测量和航片人工解译都耗费大量的人力、财力。自 20 世纪 50 年代以来，随着遥感技术迅速发展，航空遥感、卫星遥感数字影像的广泛应用为大区域范围森林参数的自动获取提供了机会。然而，尽管基于遥感数据的森林资源参数自动提取已被广泛研究，在应用层面，遥感数据仍尚未有效地集成应用于森林资源清查和分析中。

美国的森林资源清查与分析（FIA）计划已实施了近 80 年，其主要工作由农业部林务局承担。自 1999 年起，由于意识到获取及时、准确和可靠的森林参数的必要性，FIA 计划对每个州的资源清查由定期调查转换为年度清查（http://www.fia.fs.fed.us/）。年度清查由三个连续的阶段构成。第一阶段主要是使用遥感数据将土地分为林地和非林地两类。分类结果用于获取整个区域的空间度量值，如森林片段化、区域的城市化和距离度量。该阶段的数据源最初仅限于航空影像，但现在正逐渐偏重于应用卫星影像。第二阶段包括收集样地中森林生态系统数据，如森林类型、林龄和存在的干扰等。在第三个阶段中，第二阶段设置的样地中抽样出一些子样地，在树木生长季节采集子样地内单株立木的位置、物种、树冠状况和健康情况等数据。与美国森林资源清查相似，加拿大国家森林资源清查（NFI）（http://cfs.nrcan.gc.ca/subsite/canfi/home）同样使用航拍相片来估算森林面积，在相片中抽样选择一些子样地，通过对子样地的实地调查来估算物种多样性、材积和单株立木的参数。在加拿大北部，由于野外实地调查难以实现，航空影像难以获得，因此主要利用卫星影像代替实地调查和航片进行森林资源清查。

上述森林资源清查的实例表明，虽然遥感技术已被应用于北美森林调查，但其应用主要局限于较大尺度空间范围内航空相片的判读，以及林地和非林地的判别分类。基于样地的森林测量仍然是通过实地调查实现的。因此，十分有必要将更先进的遥感技术引入森林调查实践中，利用遥感技术提供自动、详细、准确的样地尺度上的参数，如森林树种及单株立木参数数据等。

1.2 基于遥感技术的森林资源清查与分析研究

在过去的几十年里，随着遥感技术的不断进步，遥感在森林监测和森林资源清查分析上有了更广泛的应用。遥感技术从机载传感器发展到卫星传感器；由被动光学传感器（如 Landsat 系统）到主动传感器（如 SAR，LIDAR）；由提供低空间分辨率影像（如 MODIS，AVHRR）到中空间分辨率影像（如 Landsat 系列卫星，SPOT）、高空间分辨率影像（如 IKONOS，QuickBird）；从多光谱传感器（如 Landsat 系列卫星）到高光谱传感器（如 AVIRIS）。这些传感器系统具有在不同的空间尺度上提供森林信息的能力，并可基于光谱信息来区分不同的森林结构，基于时间序列图像来提取森林变化信息。

低空间分辨率遥感影像（地面采样距离（GSD）＞30 m）用于获取在全球范围内植被生产力，比如初级生产总值（GPP）和年度净初级生产力（NPP），但不适合空间尺度更精细的森林资源清查分析（Running et al.，2004）。中等分辨率传感器（GSD 为 4～30 m），例如 Landsat Thematic Mapper（TM）和 Enhanced Thematic Mapper Plus（ETM+）传感器以及 Systeme Pour l'Observation de la Terre（SPOT）传感器，适用于景观尺度的森林属性表征。这些传感器的多光谱波段有利于区分不同的森林类型，尤其是落叶林和针叶林区的分类。Bauer 等（1994）利用六幅不同时期的 Landsat TM 影像将土地覆盖划分为六种森林类型和五种非森林类型，另外还估算出每种森林类型的占地面积。Wolter 等（1995）利用多个季节的 Landsat 卫星影像提高了森林树种的分类精度。除了森林组成分类外，研究人员还综合了中等空间分辨率的多光谱影像与实地野外采样收集的森林资源清查数据来确定其他森林参数，如平均断面积、平均高度、健康状况、生物量和木材材积等（Trotter et al.，1997；Hall et al.，2006；Meng et al.，2009；Wolter et al.，2009）。其中大部分研究都涉及将实地收集的数据和卫星影像光谱响应之间建立经验模型，然后利用该模型来预测非实地采集区的森林参数值。

近年来，随着传感器技术的发展，出现越来越多的高分辨率影像（GSD≤4 m），并且影像价格也变得更容易接受，因此，高分辨率遥感正越来越广泛地应用于精细尺度上的森林制图。传统的实地森林调查重点在于收集样地尺度或者单株立木尺度的森林参数，而由于单株立木在高分辨率遥感影像中变得清晰可见，近年来高分辨率遥感在森林资源清查中的应用成为研究热点。然而，在高分辨率遥感影像中，过于详细的信息也为森林信息的提取带来了挑战，因为太阳光照的不均性和地形的影响会导致单个林分内像素之间反射率差异很大。这表明对于高分辨率多光谱影像，若采用基于像素的影像分析，无法有效地进行林分尺度上的参数提取，因此，许多学者引入了基于纹理和基于对象的影像分析方法。

纹理分析主要考虑到邻域光谱响应的空间变化。将纹理度量

遥感技术在自动化森林资源清查中的应用研究

值引入基于像素的影像分析中，已被证明可以提高森林树种的分类精度（Franklin et al.，2000）、森林林龄的分类精度（Franklin et al.，2001），有利于树冠郁闭度的估算（St-Onge et al.，1997）以及林被健康状况的分类（Coops et al.，2006；Liu et al.，2006）。基于对象的分析方法认为一幅影像由许多相邻的对象组成。在中、低空间分辨率影像中，单个像素可能提供多个对象的平均光谱响应特性，与之不同的是在高空间分辨率影像中，单个对象（如一个林分）是由许多相邻的像素组成。因此，基于对象的影像处理是将影像划分为一些图斑，每个图斑里的像素都具有相似的光谱特征，使用这些图斑作为分类对象而不再使用像素作为分类单元。除了光谱响应值，每个对象中还可提取出纹理和几何信息。基于对象的方法已经成功地应用于利用高分辨率遥感影像估计林分参数（Thomas et al.，2003），或者将高分辨率遥感影像结合地形数据估计林分参数（Chubey et al.，2006；Yu et al.，2006）。

除了林分尺度森林结构的估计，高空间分辨率遥感影像还可应用于单株立木树冠信息的提取，尤其是当像素尺寸小于树冠尺寸时。目前，一些学者已对单株立木树冠检测与勾勒方法展开研究（Gougeon，1995；Culvenor，2002；Wang et al.，2004），通过对树冠光谱响应规律的分析，可以检测到树顶，并估计出树冠的维度。通过这种方法，也可进行单株立木的树种识别和健康分析（Gougeon，1997；Leckie et al.，2005）。然而，当前单株立木树冠的识别方法大多只适用于针叶林，并且只适用于在垂直航拍影像中。在不同的成像条件下，单株立木的树冠检测和提取精度有可能会降低（Wang et al.，2004）。

高光谱遥感影像也可被用于森林资源清查。尽管当前的高空间分辨率卫星传感器（如 IKONOS 和 QuickBird）无法提供高光谱数据，但机载传感器可收集具有高空间分辨率的高光谱数据。由于在高光谱图像中可以识别微小的光谱差异，因此在树种识别中极为有效。Martin（1998）利用 AVIRIS 图像将森林分为 11 种类型；Bunting（2006）利用 CASI-2 影像区分出澳大利亚的混合树种。同样，Clark 等（2005）利用 Hyperspectral Digital Imagery Collection Experiment（HYDICE）传感器对热带树种进行分类。

除了被动传感器，主动传感器如合成孔径雷达（SAR）和激光雷达（LIDAR），也一直在提取森林参数方面不断探索。例如，Santoro 等（2006）利用 L 波段 SAR 影像的后向散射系数估算出林分尺度的树干材积；Rowland 等（2008）通过两个时相的 SAR 数据估算出树高和材积的变化。自从 20 世纪 90 年代末以来，激光探测与测距雷达，尤其是小光斑高密度数据（＞4 points/m^2），已经在森林资源清查分析方面展现出巨大的潜力（Hyyppä et al.，2008）。由于这些数据可以为地面物体提供高分辨率的三维坐标，因此可提取树高、树木垂直结构、树冠维度等特征，另外还可以由该类数据推断出单株树的树种（Brandtberg et al.，2003；Holmgren et al.，2004；Liang et al.，2007）。然而，由于小光斑高密度激光雷达数据成本较高，因此并未得到广泛应用。而低点云密度雷达数据，尽管成本较低，由于其无法获取单株立木结构信息息，因此应用十分有限。

近年来，陆续出现一些研究利用多源数据的集成来提高森林参数的估算能力。例如，Wulder 等（2003）融合了激光雷达数据和 Landsat 影像来提高森林平均树高的估测精度；Hyde 等（2006）集成 LIDAR、SAR/InSAR、ETM+和 QuickBird 数据进行森林结构制图；Holmgren 等（2008）集成高分辨率激光雷达数据（50 points/m^2）和高空间分辨率航空影像进行单株立木树种分类。

遥感技术在自动化森林资源清查中的应用研究

近几十年来，随着遥感传感器在数量和功能上的迅速提升，可用的遥感数据相比以往种类更加繁多。如何选取适当的数据则需要考虑众多因素，其中包括：应用目的、研究的空间尺度和遥感影像空间分辨率、目标光谱特征和遥感影像光谱分辨率以及数据成本等（Wulder et al., 2004）。目前，林业遥感的应用研究已经逐渐将重点转移到利用高空间分辨率影像来获取更精确的森林参数，而利用激光雷达数据获取森林的垂直结构信息。这些研究都集中于怎样提供更加精准可靠的森林信息，只有达到此目的，遥感技术才会广泛应用于森林资源与分析。

1.3 研究目的和科学假设

本书在林分和单株立木两个层面上研究了遥感数据在森林资源自动化清查与分析中的应用。本书的研究目的包括：①探索高空间分辨率多光谱影像与低点云密度激光雷达数据（3 m）的协同在林分尺度上树种分类的应用；②提出基于高空间分辨率影像的单株立木树冠检测与勾勒的算法。

本书包括以下科学假设：①相对于单独使用某种数据，高空间分辨率多光谱影像和低点云密度激光雷达数据的协同使用有助于提高树种的分类精度；②基于高分辨率遥感影像，本书中提出的单株立木树冠检测和勾勒算法相比较前人的算法，可在不同的成像条件下提供准确的树木位置和树冠维度信息。

本书的第 2 章对假设 1 进行了探讨，第 3、第 4、第 5 章对假设 2 进行了探讨。

1.4 本书大纲

本书由 6 章组成。第 1 章对本书内容进行综述。第 2、第 3、第 4、第 5 章均以引言、数据、方法、结果和讨论、结论的形式撰写。第 2 章介绍了利用高空间分辨率遥感影像和激光雷达数据的协同进行森林树种的分类研究。第 3 章对当前利用高空分辨率影像进行单株立木树冠检测与勾勒的算法进行综述。第 4 章比较了现有的 3 种较具代表性的树冠检测和勾勒算法的性能和有效性，提出并论证了一个树冠检测与勾勒算法评价的标准框架。第 5 章提出了一种新的、能够适用于各种成像条件的树冠检测和勾勒算法。第 6 章对本书内容做了总结，同时提出了相关研究及未来潜在的发展方向。

参考文献

[1] Alemdag I S. 1986. Estimating oven-dry mass of trembling aspen and white birch using measurements from aerial photographs[J]. *Canadian Journal of Forest Research*，16：163-165.

[2] Bauer M E，Burk T E，Ek A R，et al. 1994. Satellite inventory of Minnesota forest resources[J]. *Photogrammetric Engineering and Remote Sensing*，60：287-298.

[3] Brandtberg T，Warner T，Landenberg R，et al. 2003. Detection and analysis of individual leaf-off tree crowns in small footprint，high sampling density lidar data from the eastern deciduous forest in North America[J]. *Remote Sensing of Environment*，85：290-303.

[4] Bunting B，Lucas R M. 2006. The delineation of tree crowns in Australian mixed species forests using hyperspectral Compact Airborne Spectrographic Imager （CASI）data[J]. *Remote Sensing of Environment*，101：230-248.

[5] Chubey M S，Franklin S E，Wulder M A. 2006. Object-based analysis of IKONOS-2

imagery for extraction of forest inventory parameters[J]. *Photogrammetric Engineering and Remote Sensing*, 72: 383-394.

[6]   Clark M L, Roberts D A, Clark D B. 2005. Hyperspectral discrimination of tropical rain forest tree species at leaf to crown scales[J]. *Remote Sensing of Environment*, 96: 375-398.

[7]   Coops N C, Johnson M, Wulder M A, et al. 2006. Assessment of QuickBird high spatial resolution imagery to detect red attack damage due to mountain pine beetle infestation[J]. *Remote Sensing of Environment*, 103: 67-80

[8]   Culvenor D S. 2002. TIDA: an algorithm for the delineation of tree crowns in high spatial resolution remotely sensed imagery[J]. *Computers & Geosciences*, 28: 33-44.

[9]   Davis L S, Johnson K N, Bettinger P S, et al. 2001. Forest Management - To sustain ecological Economic and Social values (Long Grove, Illinois: Wavelands Pr Inc.).

[10]   Franklin S E, Hall R J, Moskal L M, et al. 2000. Incorporating texture into classification of forest species composition from airborne multispectral images[J]. *International Journal of Remote Sensing*, 21: 61-79.

[11]   Franklin S E, Wulder M A, Gerylo G R. 2001. Texture analysis of IKONOS panchromatic data for Douglas-fir forest age class separability in British Columbia[J]. *International Journal of Remote Sensing*, 22: 2627-2632.

[12]   Gougeon F A. 1995. A crown-following approach to the automatic delineation of individual tree crowns in high spatial resolution aerial images[J]. *Canadian Journal of Remote Sensing Remote Sensing*, 21: 274-284.

[13]   Hagan G F, Smith J L. 1987. Predicting tree ground line diameter from crown measurements made on 35-mm aerial photography[J]. *Photogrammetric Engineering & Remote Sensing*, 52: 687-690.

[14]   Hall R J, Skakun R S, Arsenault E J, et al. 2006. Modeling forest stand structure attributes using Landsat ETM+ data: Application to mapping of aboveground biomass and stand volume[J]. *Forest Ecology and Management*, 225: 378-390.

[15]   Holmgren J, Persson A. 2004. Identifying species of individual trees using airborne laser scanner[J]. *Remote Sensing of Environment*, 90: 415-423.

[16]   Holmgren J, Persson A, Soderman U. 2008. Species identification of individual trees by combining high resolution LIDAR data with multi-spectral images[J]. *International Journal of Remote Sensing*, 29: 1537-1552.

[17] Hyde P, Dubayaha R, Walker W, et al. 2006. Mapping forest structure for wildlife habitat analysis using multi-sensor（LIDAR, SAR/InSAR, ETM+, Quickbird）synergy[J]. *Remote Sensing of Envrionemnt*, 102: 63-73.

[18] Hyyppä J, Hyyppä H, Leckie D, et al. 2008. Review of methods of small footprint airborne laser scanning for extracting forest inventory data in boreal forests[J]. *International Journal of Remote Sensing*, 29: 1339-1366.

[19] Liang X, Hyyppä J, Matikainen L. 2007. First-last pulse signatures of airborne laser scanning for tree species classification, Deciduous-coniferous tree classification using difference between first and last pulse laser signatures[J]. *Proceedings of the ISPRS workshop, Laser Scanning 2007 and Silvilaser 2007*: 253-257.

[20] Liu D, Kelly M, Gong P. 2006. A spatial-temporal approach to monitoring forest disease spread using multi-temporal high spatial resolution imagery[J]. *Remote Sensing of Environment*, 101: 167-180.

[21] Martin M E, Newman S D, Aber J D, et al. 1998. Determining Forest Species Composition Using High Spectral Resolution Remote Sensing Data[J]. *Remote Sensing of Environment*, 65: 249-254.

[22] Meng Q, Cieszewski C, Madden M. 2009. Large area forest inventory using Landsat ETM+: A geostatistical approach[J]. *ISPRS Journal of Photogrammetry and Remote Sensing*, 64: 27-36.

[23] Pitt D G, Glover G R. 1993. Large-scale 35-mm aerial photographs for assessment of vegetation-management research plots in eastern Canada[J]. *Canadian Journal of Forest research*, 23: 2159-2169.

[24] Rowland C S, Balzter H, Dawson T P, et al. 2008. Airborne SAR monitoring of tree growth in a coniferous plantation[J]. *International Journal of Remote Sensing*, 29: 3873-3889.

[25] Running S W, Nemani R R, Heinsch F A, et al. 2004. A continuous satellite-derived measure of global terrestrial primary production[J]. *BioScience*, 54: 547-560.

[26] Santoro M, L Eriksson, J Askne, et al. 2006. Assessment of stand-wise stem volume retrieval in boreal forest from JERS-1 L-band SAR backscatter[J]. *international Journal of Remote Sensing*, 27: 3425-3454.

[27] St-Onge B, Cavayas F. 1997. Automated forest structure mapping from high resolution imagery based on directional semivariogram estimates[J]. *Remote*

Sensing of Environment，61：82-95.

[28] Thomas N，Hendrix C，Congalton R G. 2003. A comparison of urban mapping methods using high-resolution digital imagery[J]. *Photogrammetric Engineering and Remote Sensing*，69：963-972.

[29] Trotter C M，Dymond J R，Goulding C J. 1997. Estimation of timber volume in a coniferous plantation forest using Landsat TM[J]. *International Journal of Remote Sensing*，18：2209-2223.

[30] Wang L，Gong P，Biging G S. 2004. Individual tree-crown delineation and treetop detection in high-spatial-resolution aerial imagery[J]. *Photogrammetric Engineering & Remote Sensing*，70：351-357.

[31] Wolter P T，Mladenoff D J，Host G E，et al. 1995. Improved forest classification in the northern lake States using multi-temporal Landsat imagery[J]. *Photogrammetric Engineering and Remote Sensing*，61：1129-1143.

[32] Wolter R T，Townsend P A，Sturtevant B R. 2009. Estimation of forest structural parameters using 5 and 10 meter SPOT-5 satellite data[J]. *Remote Sensing of Environment*，113：2019-2036.

[33] Wulder M A，Hall R J，Coops N C，et al. 2004. High Spatial Resolution Remotely Sensed Data for Ecosystem Characterization[J]. *BioScience*，54：511-521.

[34] Wulder M A，Seemann D. 2003. Forest inventory height update through the integration of lidar data with segmented Landsat imagery[J]. *Canadian Journal of Remote Sensing*，29：536-543.

[35] Yu Q，Gong P，Clinton N，et al. 2006. Object-based detailed vegetation classification with airborne high spatial resolution remote sensing imagery[J]. *Photogrammetric Engineering and Remote Sensing*，72：799-811.

第 2 章　基于 QuickBird 影像与 LIDAR 数据协同的森林树种面向对象分类研究

　　本章致力于探讨高分辨率多光谱遥感影像（即 QuickBird 数据，2.4 m）与低点云密度激光雷达（LIght Detection and Ranging，LIDAR）数据（3 m）的协同在森林树种分类中的应用。通过面向对象的分类方法，研究分析比较了在图像分割与基于对象的图像分类两个环节上分别利用二者数据与协同使用二者数据的分割、分类精度，从而揭示高分辨率光学遥感影像与 LIDAR 数据的协同效应。图像分割过程包括 3 种分割方案：①仅基于 QuickBird 多光谱影像进行分割；②仅基于 LIDAR 数据变量进行分割；③同时基于 QuickBird 光谱影像与 LIDAR 数据变量进行分割。针对每种分割方案，研究运用了 12 个不同尺度参数以确定最优分割尺度。在每个分割尺度上，对于每种分割方案产生的影像对象，该研究分别应用 6 类分类指标，利用决策树分类方法进行分类。对图像分割质量和分类精度分别进行评价，结果表明，

遥感技术在自动化森林资源清查中的应用研究

协同利用光谱数据与 LIDAR 数据，无论在图像分割环节还是面向对象分类环节中，其分类结果都优于单一使用任意一种数据。另外，分割质量的提高有助于提高分类精度。尺度参数为 250 时，基于 QuickBird 多光谱影像与 LIDAR 数据变量的图像分割质量达到最优；在此基础上，基于二者数据协同的面向对象树种分类达到最高分类精度（kappa 系数为 91.6%）。研究对于每种分割—分类方案均进行了最优尺度分析，不同尺度下分类精度的统计分析表明，最优分割尺度是一系列具有统计意义上相似精度的尺度。

2.1 引 言

在过去几十年里，遥感已为森林资源管理与监测提供了宝贵的数据源。遥感作为一种有效工具，能够以相对低廉的成本为森林资源清查提供诸如地理位置、空间范围、物种组成和森林结构等信息。由于树种信息可为森林资源调查与管理提供重要依据，森林树种的制图与分类近年来得到广泛关注与研究。遥感在树种分类上的应用始于对航空影片的目视解译（Heller et al.，1964），而后又逐渐发展至多光谱影像分类（Vieira et al.，2003；Walsh，1980），多时相遥感数据分析（Brown de Colstoun et al.，2003；Wolter et al.，1995），高光谱数据分析（Clark et al.，2005；Goodenough et al.，2003；Lawrence et al.，2006；Martin et al.，1998）以及多传感器数据融合等（Goodenough et al.，2005）。

中高空间分辨率卫星遥感数据如 Landsat 专题制图仪（Landsat TM）和 SPOT 卫星数据已广泛应用于获取区域尺度上的森林信息变量，然而其空间分辨率无法满足对于林分尺度及单株立木尺度上的森林资源清查。随着高空间分辨率影像（地面采样间距 GSD<4 m）的推广与使用，更加精细的森林制图也与日俱增。与中等空间分辨率卫星影像提供区域范围内的平均光谱信息不同，在高分辨率影像中单株立木甚至都清晰可辨，这为在更加精细尺度上的树种识别提供了可能。然而，使用高空间分辨率影像同样存在挑战，即单个像元值不再代表感兴趣目标（如林分）的综合光谱响应，而仅代表部分目标的光谱值。冠层的太阳照度和地形效应可导致高空间分辨率影像中林分内部的反射率的巨大差异。因此，传统的基于像元的分类方法可导致分类结果带有"椒盐效应"而降低分类精度。一些研究采用纹理变量来表示林分的结构特征，从而提高了森林分类精度（Franklin et al.，2001；Treitz et al.，2000；Zhang et al.，2004），然而，基于纹理的分类方法需要预先定义邻域结构。

作为传统的基于像元的分类方法的一种替代方法，面向对象的分类方法广泛运用于解决高空间分辨率影像分类中基于像元的分类方法所产生的相关问题。该方法已成功应用于基于高空间分辨率多光谱影像（Thomas et al.，2003；Wulder et al.，2003）或结合地形数据（Chubey et al.，2006；Yu et al.，2006）进行森林树种分类。与基于像元的分类方法不同，面向对象分类方法的基本分类单位是影像对象（或图斑）。对象通过影像分割生成，即将一幅影像划分成若干不相交的区域（Blaschke et al.，2005），每个对象都由空间相邻的、符合同质性标准的像素集群组成。基于对象的图像分析方法的优越性在于，任何类型的空间分布数据都可参与影像分割并生成相关影像对象；另外，基于对象的分类不仅可利用对象的光谱信息作为分类输入参数，对象的形状信息、内部纹理信息和对象之间的空间关系信息均可运用于面向对象分类。对象内部的环境因子如高程、坡度和坡向也可用于分类。

由于这些因子通常影响着植被的空间分布，植被分类精度从而可得到提高（Chubey et al.，2006；Yu et al.，2006）。

目前应用最广泛的影像分割方法是已嵌入商业软件Definiens Professional 5（即之前的 eCognition）的分型网络演化法（Fractal Net Evolution Approach，FNEA）（Baatz et al.，2000）。FNEA 是一种自底向上的区域生长算法，算法始于单个像素。首先基于异质性最小生长法则将单个像素与其相邻的像素合并为同质度较一致的对象（或图斑），再根据光谱、形状和紧致度等特征参数的异质性将相邻图斑合并成为较大的图斑（Baatz et al.，2000）。当最小增长超过用户定义的阈值，即尺度参数时，合并过程终止。在此，尺度参数是一个抽象术语，其实质是确定影像对象中所允许的最大异质性（Baatz et al.，2000）。在面向对象的分类中，尺度参数至关重要，因为它直接关系到对影像进行分割所生成对象的尺寸大小，从而影响图像分析的空间尺度，进而影响分类精度（Blaschke，2003；Kim et al.，2008；Meinel et al.，2004；Wang et al.，2004）。对于最优分割尺度参数的选择，目前大多数研究都依赖于试错法对不同尺度参数下的分割质量进行目视检验以确定最佳尺度，而在如何进行自动、客观的最优尺度参数选择方面，研究尚未深入。近年来，一些学者提出可用于最优尺度参数识别的几个指标。例如，Wang 等（2004）发现用于类别可分性判据的 Bhattacharyya 距离指数可用于辅助选择最优尺度参数。Kim 等（2008）发现当尺度参数生成的图像对象达到最低空间自相关性时，利用此尺度参数进行影像分割的对象与手动分割的图斑最为相似，即分割质量最好。

对于分类结果评价，一般来说基于像元的分类精度评估由三部分组成：①建立抽样单元（sampling unit）以选择参考样本；

②响应设计（response design）以获取每个抽样单位的参考数据；③精度估算。传统的基于像元的分类往往采取点、面要素作为抽样单位，点、面要素同样可用于面向对象的分类中（Stehman et al.，1998）。有研究曾采用与参考多边形相交的分割对象作为参考对象（Wang et al.，2004；Yu et al.，2006）。Radoux 等（2008）指出，由于对象的大小没有纳入混淆矩阵的计算中，造成较大对象的误判与较小对象的误判对分类精度的影响相同，因此将对象作为抽样单位会造成精度验证的结果偏差。另一个潜在的问题在于，采用对象作为样本单位会造成不同分割尺度上的图像分类精度无法进行比较。由于在不同分割尺度上，会产生不同数量的参考对象，由不同参考数据计算出的混淆矩阵不能直接比较。为解决以上问题，点作为样本单元已被考虑进入面向对象分类方法的检验中。一些学者建议在参考多边形中布设验证点可确保参考点数目与对象大小成比例（Chubey et al.，2006；Im et al.，2007；Im et al.，2008）。

利用对象多边形作为样本单位也可导致在监督分类的训练环节中出现问题。首先，在分类训练过程中，面积较大的对象相对于面积较小的对象而言，应具有更高的权重；其次，不同尺度的影像分割会生成不同数量的训练对象，训练对象的数量差异可影响分割精度评价。一些研究曾使用在参考多边形中布设参考点样本进行分类器的训练与检验（Im et al.，2007，2008；Kim et al.，2008）。这种样本选取方法在分类的训练与检验过程中充分考虑了对象大小的影响，也在比较不同分割尺度的过程中使参考样本数量达到平衡，因此本书选用此种方法。

随着 LIDAR 数据越来越广泛的应用，它为森林树种分类也提供了新的数据源。由于 LIDAR 数据可提供树木的垂直冠层结

遥感技术在自动化森林资源清查中的应用研究

构，其在区分森林树种方面具有很大潜力。有学者曾用高点云密度的 LIDAR 数据（即每平方米点的数量超过 4 个）进行单株立木树种识别，可达到较高分类精度（Brandtberg et al.，2003；Holmgren et al.，2004；Liang et al.，2007）。该类研究大都先进行单株立木树冠勾勒，随后根据 LIDAR 数据提取的树冠结构和形状特征对单株立木进行分类。研究也发现将高分辨率多光谱影像与高点云密度 LIDAR 数据融合可使冠层结构信息和光谱信息有效互补，从而提高森林树种分类的效率和精度（Hill et al.，2005；Leckie et al.，2003）。Holmgren 等（2008）指出融合甚高分辨率 LIDAR 数据（50 points/m^2）和高空间分辨率航空影像在单株立木分类中的优势，融合后数据分类精度提高了 8%。

近年来利用 LIDAR 数据对森林特征的研究大多采用高点云密度 LIDAR 数据（Brandtberg et al.，2003；Reitberger et al.，2008），这是由于利用该类数据可获得单株立木结构信息。相较之下，低点云密度 LIDAR 数据虽然价格低廉，但其应用主要局限于地面地形图测绘（Hodgson et al.，2004）。尽管低点云密度 LIDAR 数据不能反映单株立木信息，但可基本反映森林树种的冠层特征。本书将探索协同使用高空间分辨率多光谱影像（即 QuickBird；2.4 m）和低点云密度 LIDAR 数据（3 m）在森林树种分类中的应用。本章研究目的如下：①利用面向对象的分类方法评价 LIDAR 数据和高分辨率多光谱数据在森林树种分类中的协同效应；②探讨森林树种分类中影像对象的最优尺度参数问题。

2.2 数据收集

2.2.1 研究区概况

研究区包括位于纽约州中部的 Heiberg Memorial 森林及与其相邻的州立林地。Heiberg Memorial 森林位于美国纽约州锡拉丘兹市（Syracuse）以南约 33 km 处（$42.75°N$，$76.08°W$），占地 $1\ 600\ hm^2$，为纽约州立大学环境科学与林业学院（SUNY-ESF）所有。它代表了美国东北部典型的森林生态系统，为教学与研究提供大量资源。研究区总面积为 $13\ 938\ hm^2$（图 2-1），海拔 $382\sim625\ m$。落叶树种主要由枫树（*Acer*）、山毛榉（*Fagus*）、桦木（*Betula*）及其他树种如白杨（*Populus alba*）、黑樱桃树 [*Cerasus maximowiczii*（*Rupr.*）*kom.*]和橡树（*Quercus palustris*）等组成。常见的针叶树种包括赤松（*Pinus resinosa*）、挪威云杉（*Picea abies*）、加拿大铁杉（*Tsuga canadensis*）及北美落叶松（*Larix laricina*），其中大多针叶树种植于 20 世纪 30 年代初建成的种植园内。在这些人工针叶林中，加拿大铁杉林分海拔较低，而挪威云杉林分则海拔较高。虽然对一些针叶林进行了管理，但事实上大部分针叶林已经未经管理自然生长了几十年（Pugh，2005）。在本研究中，我们将研究区的森林树种分为四种针叶树种（赤松、挪威云杉、加拿大铁杉和北美落叶松）和落叶阔叶树种。

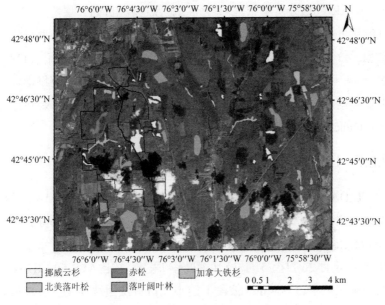

76°6'0"W 76°4'30"W 76°3'0"W 76°1'30"W 76°0'0"W 75°58'30"W

挪威云杉　　　赤松　　　加拿大铁杉
北美落叶松　　落叶阔叶林　　0 0.5 1　　2　　3　　4 km

图 2-1　研究区 QuickBird 多光谱影像以及参考多边形

注：Heiberg 纪念森林用黑色框表示。

2.2.2　QuickBird 影像

研究区的高空间分辨率 QuickBird 影像于 2004 年 8 月 9 日采集（图 2-1），其中全色波段（450～900 nm）分辨率为 0.6 m，四个多光谱波段包括蓝色（450～520 nm）、绿色（520～600 nm）、红色（630～690 nm）和近红外（760～900 nm）波段，地面采样距离为 2.44 m。本书未使用全色波段，而只采用多光谱多段进行树种分类，原因在于：①在面积较大的研究区内使用全色波段数据将导致巨大的计算负荷；②多光谱波段影像的空间分辨率已经可以满足林分尺度上树种分类的要求；③多光谱波段影像分辨率与 LIDAR 数据分辨率相近。研究区影像包含 1%的云层覆盖，大气能见度相对清晰，卫星天底角为 11°。影像经过几何处理，达到像元位置的平均均方根误差（RMSE）小于一个像元；采用 UTM WGS84 坐标系进行投影。初步的土地覆盖与利用的分类将影像中森林地区与非森林地区分开，随后的树种分类仅针对于森林地区（Quackenbush et al.，2007）。

2.2.3 LIDAR 数据

LIDAR 数据获取的初衷是支持联邦应急管理局（FEMA）关于纽约州冲积平原的现代化制图项目。数据由地球数据国际公司（Earth Data International，Inc.）利用莱卡 ALS-50 LIDAR 系统于 2005 年 4 月 26 日至 5 月 7 日（落叶季）采集。莱卡 ALS-50 LIDAR 系统采集位于 1 064 nm 波段上的小光斑首次回波和尾次回波信号以及强度数据。表 2-1 总结了 LIDAR 数据收集的运行参数。尽管系统参数中的点云密度为 3 m，即相邻测量点之间的距离约为 3 m，但由于相邻航线之间 25%～30%的侧向重叠，其实际平均点云密度大概为 2.5 m。

由数据供应商提供的 LIDAR 数据包含由地球数据国际公司专业软件和 TerraSolid 商业软件进行预处理得到的 ASCII 格式的裸土地表高程点坐标（x，y，z），ASC II 格式的首次回波高程点坐标（x，y，z），以及 TIFF 格式的所有回波的强度数据。LIDAR 数据的水平坐标采用 UTM WGS84 18N 坐标系进行投影。利用不规则三角网模型（TIN）将首次回波高程表面（数字地表模型 DSM）与裸土地表高程（数字高程模型 DEM）分别转化为栅格数据，使其与 QuickBird 多光谱影像具有相同的像元大小（Maune et al.，2001）。通过 DEM 得到相关地形要素如坡度、坡向和复合地形指数（CTI）（Moore et al., 1991）。高度信息由 DSM 与 DEM 的差得到。表 2-2 总结了分析中用到的输入图层。

表 2-1　LIDAR 莱卡 ALS-50 传感器采集参数

参数	数值
飞行高度（平均海拔高度）	2 438 m
空速	130 knots
激光脉冲频率	40 kHz
视场角	45 degrees
扫描速率	19 Hz
平均扫描幅宽	2 020 m
平均点间距	3 m
每平方米平均点数	0.16
平均水平位置精度	1 m
平均垂直精度	18.5 cm
侧向重叠	25%～30%

表 2-2　用于影像分割的数据层

数据源	数据层（层代码）
QuickBird 多光谱数据	• 蓝色波段（blue） • 绿色波段（green） • 红色波段（red） • 近红外波段（NIR）
LIDAR	• LIDAR 裸土表面回波得到的高程（DEM） • 由高程得到的坡度（slope） • 由高程得到的坡向（aspect） • 由高程得到的复合地形指数（CTI） • LIDAR 首次回波得到的表面高程（DSM） • DSM 与 DEM 之差所产生的高度数据层（height） • LIDAR 强度（intensity）

2.2.4 地面参考数据

本章利用 Pugh（2005）所建立的林分多边形作为参考数据（如图 2-1 所示。这些多边形由 2001—2004 年采集的 493 个连续森林调查样方数据、Heiberg 森林林班图、航空相片解译结果以及数次实地调查的结果组合生成。利用纽约州地理信息系统数据共享中心（http://nysgis.state.ny.us）提供的数字正射影像确定具有单一树种的同质区域。在 2003—2004 年进行了额外的实地调查，以验证采集于上述数据源的地面参考数据（Pugh，2005）。在地面参考数据专题图中的参考多边形内生成总计 644 个间距为 100 m、等间距分布的参考点，并记录每一点的树种；随机选取 322 个参考点作为分类训练数据，保留剩下 50%的参考点（即 322 个点）以用于精度评价。

2.3 方 法

面向对象的分类方法一般分为三个步骤：①利用影像分割生成影像对象（image object）；②提取基于对象的分类特征；③运用基于对象的分类特征进行分类。在本研究中，我们通过利用 QuickBird 多光谱影像和三维 LIDAR 数据分别在三个步骤上的集成对森林树种进行分类，并通过比较分割及分类精度来研究二者数据的协同效应。具体方法如图 2-2 所示。本研究首先运用三种影像分割方案：①仅基于 QuickBird 多光谱影像进行分割；②仅基于 LIDAR 数据得到的变量图层进行分割；③同时基于 QuickBird 光谱影像与 LIDAR 数据变量图层进行分割。针对每种分割方案，研究运用了 12 个不同尺度参数（20～800）进行影像分割，以确定最优分割尺度。对于每种分割方案、每个分割尺度参数上生成的影像对象，提取对象的特征量值。对于对象特征的提取，同样考虑光谱与 LIDAR 数据的协同，采用不同的特征组合方式提取不同特征向量，运用机器学习的决策树分类法进行森林树种的分类。对每种图像分割—分类方案进行精度评价。最后将基于分类精度最高的最优方案运用于森林树种分类并进行专题图绘制（图 2-2）。

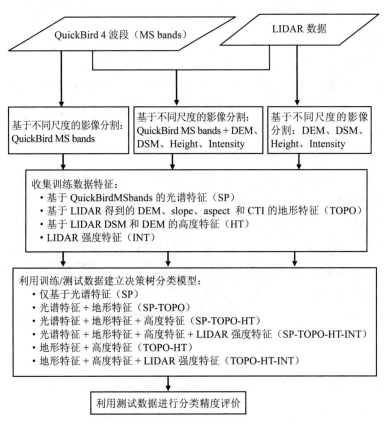

图 2-2　数种分类流程

2.3.1 影像分割

使用 Definiens 软件将影像层划分为对象。图像分割需要几个用户指定的参数，包括：①输入图像层的权重值；②与光谱/形状的同质性标准相关的颜色/形状比；③与对象形状优化标准相关的紧致度/平滑度之比；④与分割后生成对象的平均大小相关的尺度参数。在一定尺度参数范围内对三种分割方案分别研究其性能。这三种分割方案包括：仅基于光谱影像的分割；仅基于 LIDAR 数据变量的分割；基于光谱影像与 LIDAR 数据变量协同的分割（表 2-3）。基于光谱影像的分割方案将四个波段赋予相同的权重。基于 LIDAR 数据的分类运用 DEM、DSM、高度信息以及回波强度信息作为输入图层。我们预期 DSM 和高度信息可用于识别具有不同高度林分的差异。DEM 的使用可增加林分内部的同质性，并且有利于区分一些特定海拔的林分，如加拿大铁杉。基于光谱影像与 LIDAR 数据协同的分割利用四个光谱波段和 LIDAR 数据变量作为输入层。除 LIDAR 强度层外，基于 LIDAR 数据的分割方案和基于光谱影像与 LIDAR 数据协同的分割方案中的各层均被赋予相同权重。LIDAR 数据的强度信息记录了所有回波中强度最大的信号，包含了可以区分不同特征的有用信息（Im et al.，2008）。然而，很多参数都影响强度信息的采集，比如，LIDAR 系统的增益设定、双向效应，入射角和大气扩散（Baltsavias，1999；Im et al.，2008）等。特别是自动增益控制可能导致飞行线路上的回波强度不一致，从而难以准确地解译回波强度数据（Leonard，2005）。因此，在基于 LIDAR 数据的分割方案中，强度数据层的权重设定为其他层总权重的 1/600。同样，在基于光谱影像与 LIDAR 数据协同的分割方案中，分配给 LIDAR 强度数据层的权

重为 0.1。对于每种分割方案，都采用位于 20～800 的 12 个尺度
参数进行影像分割。

表 2-3　不同分割方案的分割参数选择

分割方案（代码）	数据层	权重	尺度参数	颜色/形状因子	紧凑度/平滑度因子
基于光谱的分割方案（SP）	Blue	1			
	Green	1	20		
	Red	1	50		
	NIR	1	100		
基于 LIDAR 的分割方案（LD）	DEM	20	150		
	DSM	20	200		
	Height	20	250		
	Intensity	0.1	300	0.9	0.5
基于光谱和 LIDAR 数据协同的分割（SPLD）	Blue	10	400		
	green	10	500		
	Red	10	600		
	NIR	10	700		
	DEM	10	800		
	DSM	10			
	Height	10			
	Intensity	0.1			

2.3.2　基于对象的分类特征提取

　　基于光谱、地形、高度和强度数据分别计算用于分类的对象
特征（表 2-4）。除每层的均值与标准差之外，基于窗口的纹理特
征，即像元内 3×3 窗口绿色波段与近红外波段像元值的标准差，
由于其有利于树种区分，也作为分类特征（Gitelson et al.，1996）。

高阶纹理度量值如 GLCM（灰度共生矩阵）和 GLDV（灰度差分矢量）（Haralick，1986）也由这两个波段计算得出。GLCM 是像素距离和角度的矩阵函数，它通过计算图像中一定距离和一定方向的两点灰度之间的相关性，来反映图像在方向、间隔、变化幅度及快慢上的综合信息，而 GLDV 则是影像对象中 GLCM 的对角线之和（Baatz et al.，2004）。不同于基于窗口的纹理，GLCM 和 GLDV 是由对象内所有像元值计算而得到。在本研究中对象的几何特征并没有应用于分类（如形状指数，密度或长宽比），这是因为研究表明其不适用于植被分类（Yu et al.，2006）。综上所述，本研究产生共 38 个分类特征量值，包括来源于 QuickBird 多光谱层（SP）的 18 个特征量值，LIDAR 地形数据层（TOPO）的 8 个特征量值，LIDAR 高度数据层（HT）的 7 个量值和 LIDAR 强度数据层（INT）的 5 个量值（表 2-4）。

表 2-4　分类中用到的影像对象特征

类别	数据层	影响对象特征	特征数目
光谱（SP）	• Blue • Green • Red • NIR	• 每层平均值 • 每层标准差 • GLCM 均值，绿色波段、NIR 的 GLCM 标准差 • GLDV 均值，绿色波段、NIR 的 GLDV Contrast • 绿色波段、NIR 的 3×3 窗口内标准差均值	18
地形（TOPO）	• DEM • Slope • Aspect • CTI	• 每层平均值 • 每层标准差	8

类别	数据层	影响对象特征	特征数目
高度（HT）	• Height	• 该层平均值 • 该层标准差 • GLCM 均值，GLCM 标准差 • GLDV 均值，GLDV Contrast • 3×3 窗口内标准差均值	7
强度（INT）	• Intensity	• 该层平均值 • 该层标准差 • 该层最小值 • 该层最大值	5

2.3.3 决策树分类

本章使用决策树分类法进行树种分类，这是由于决策树分类具有以下优点：①它是一个非参数方法，对数据的统计分布特性和特征之间的独立性没有特殊要求；②它可快速处理高维数据，诸如本次研究中的 38 个指标（Pal et al.，2003）。针对数据的统计特征，我们对 644 个参考样本的 QuickBird 四个光谱波段值和 LIDAR 数据得到的 DEM、高程信息和强度信息进行多元正态检验。Mardia 偏度和 Mardia 峰度的 P 值都低于 0.05，这意味着参考数据的分类特征并不呈正态分布。在本研究中，我们采用 Quinlan 的 C5.0 软件（Quinlan，2003）进行决策树分类，这是由于在 C5.0 中，决策树可转化为一系列的 if—then 规则集，且其非常适合小部分训练样本（Hodgson et al.，2003）。对于每个分割方案，我们采用六组不同的分类特征组合以建立分类规则集，以便检验分类中光谱数据和 LIDAR 数据变量特征在分类中的协同效应（表 2-5）。因此，本次研究将总共进行 216 个分类，即在 12 个尺度参数下对 18 种方案进行分割—分类。

表 2-5 18 种分割—分类方案总结

分割方案	分类中用到的对象特征	特征总数	代码
基于光谱的分割	光谱特征	18	SP/SP
	光谱和地形特征	26	SP/SP-TOPO
	光谱、地形和高度特征	33	SP/SP-TOPO-HT
	光谱、地形、高度和 LIDAR 强度特征	38	SP/SP-TOPO-HT-INT
	LIDAR 提取的地形和高度特征	15	SP/TOPO-HT
	LIDAR 提取的地形、高度和强度特征	20	SP/TOPO-HT-INT
基于LIDAR的分割	光谱特征	18	LD/SP
	光谱和地形特征	26	LD/SP-TOPO
	光谱、地形和高度特征	33	LD/SP-TOPO-HT
	光谱、地形、高度和 LIDAR 强度特征	38	LD/SP-TOPO-HT-INT
	LIDAR 提取的地形和高度特征	15	LD/TOPO-HT
	LIDAR 提取的地形、高度和强度特征	20	LD/TOPO-HT-INT
基于光谱/LIDAR 的分割	光谱特征	18	SPLD/SP
	光谱和地形特征	26	SPLD/SP-TOPO
	光谱、地形和高度特征	33	SPLD/SP-TOPO-HT
	光谱、地形、高度和 LIDAR 强度特征	38	SPLD/SP-TOPO-HT-INT
	LIDAR 提取的地形和高度特征	15	SPLD/TOPO-HT
	LIDAR 提取的地形、高度和强度特征	20	SPLD/TOPO-HT-INT

2.3.4　精度评价

在 ArcGIS 平台中对 216 个分类分别进行精度评价，采用包括生产者精度、用户精度、总体精度以及 Kappa 一致性系数在内的一系列指标。通过 Kappa 系数的比较，我们可以评价：①光谱影像与 LIDAR 数据在影像分割过程中的协同效应；②光谱特征与 LIDAR 变量特征在分类过程中的协同效应；③森林树种分类过程中尺度参数的选择。对 Kappa 进行 Z 检验用来测验两次分类中的 Kappa 值是否存在显著区别（Congalton et al.，2008）。对于 Kappa 值相等的无效假设，Z 统计值的计算公式为：

$$Z = \frac{k_1 - k_2}{\sqrt{V_{ar}(k_1) + V_{ar}(k_2)}} \qquad (2.1)$$

式中：k_1，k_2——两个 Kappa 值，$V_{ar}(k_1)$ 和 $V_{ar}(k_2)$ 是它们的方差。

Kappa 值和它们的方差是根据 Congalton 等（2008）提出的方法计算得到的。如果 Z 统计值大于临界值（critical value），则否定无效假设（1.96，95%的置信水平）。

2.4　结果与讨论

2.4.1　影像分割及质量评价

基于分割对象的目视评判，尺度参数在一定程度上影响对象特征。较小的尺度生成的对象与面积较小的林分相关（如图 2-3 所示），然而较大的尺度能有效地描述面积较大的林分[如图 2-3 中（c）和（f）中的林分 1]，但往往容易将相邻的小林分合并。一种比较常见的情形如图 2-3（c）、（f）和（i）所示，图中林分 1 被分割成许多图斑，但图斑的边界往往能与林分边界较好地吻合。除了尺度参数的选择对影像对象造成影响以外，分割过程中所使用的图层不同也会影响对象的大小和形状。例如，仅基于光谱数据的对象在尺度参数为 200 到 250 时可准确地描绘面积较大的赤松林分[如图 2-3（b）和（c）中的林分 1]，但却将面积较小的针叶林分与其相邻的阔叶林混淆[图 2-3（b）和（c）中的林分 2]。当 LIDAR 数据变量参与分割过程时，在尺度参数为 100 时，这两个林分被过分割[图 2-3（d）]。在尺度参数为 200 和 250 时，基于 LIDAR 数据变量分割的对象在形状上呈长和窄状，且与林分边界不能很好地吻合，而这些林分在 QuickBird 影像中通过目视解译就能很好地识别[图 2-3（e）和（f）]。由于分割对象的边界随着地形的倾斜而紧贴等高线，我们推断对象呈现瘦长的形状很可能与分割过程中使用 DEM 数据有关。基于光谱与 LIDAR 数据的协同分割产生的影像对象与大面积和小面积林分都能较好地吻合[图 2-3（h）和（i）]。这说明 LIDAR 数据变量层能突出针叶林林分和阔叶林林分间的区别，因此有助于区分光谱信息容易混淆的多边形。

在本书中我们提出并改进几个指标以对分割结果进行定量评价（Möller et al.，2007；Radoux et al.，2008；Zhang，1996）。我们改进了 Möller 等（2007）提出的方法，通过估算分割对象和参考对象的拓扑和几何相似度来评价分割质量。我们选择 12 个能够清晰描绘林分边界的参考多边形作为参考对象，与参考对象的相交面积超过自身面积 10%的影像对象将被认为是感兴趣的对象。提取参考对象与分割对象重叠的区域，计算三个用于评价分割质量的度量值：①重叠区域相对于参考对象的面积比值 RA_{or}；②重叠区域相对于分割对象的面积比值（RA_{os}）；③分割对象与参考对象的位置差（D_{sr}）。

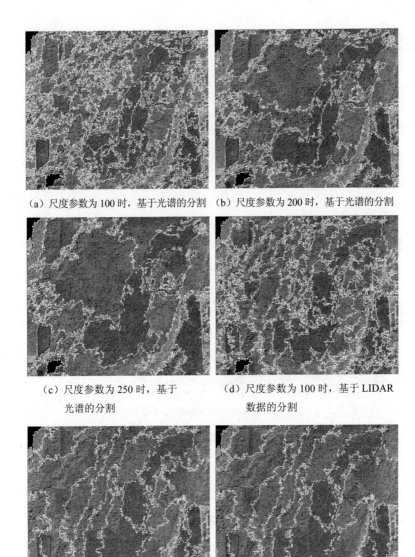

（a）尺度参数为 100 时，基于光谱的分割　　（b）尺度参数为 200 时，基于光谱的分割

（c）尺度参数为 250 时，基于
光谱的分割

（d）尺度参数为 100 时，基于 LIDAR
数据的分割

（e）尺度参数为 200 时，基于
LIDAR 数据的分割

（f）尺度参数为 250 时，基于
LIDAR 数据的分割

 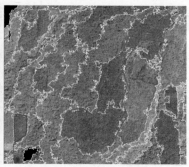

（g）尺度参数为 100 时，基于光谱/
LIDAR 数据协同的分割

（h）尺度参数为 200 时，基于光谱/
LIDAR 数据协同的分割

Stand 1　　　Stand 2

0　0.25　0.5　0.75　1 km

（i）尺度参数为 250 时，基于光谱/LIDAR 数据协同的分割

图 2-3　三种分割方案影像分割结果

$$RA_{or}\% = \frac{1}{n}\sum_{i=1}^{n}\frac{A_o(i)}{A_r}\times 100 \qquad (2.2)$$

$$RA_{os}\% = \frac{1}{n}\sum_{i=1}^{n}\frac{A_o(i)}{A_s(i)}\times 100 \qquad (2.3)$$

$$D_{sr} = \frac{1}{n}\sum_{i=1}^{n}\sqrt{[X_s(i)-X_r]^2 + [Y_s(i)-Y_r]^2} \qquad (2.4)$$

式中：n——感兴趣的分割对象的数量；

$A_o(i)$——与参考对象相关的第 i 个重叠区域的面积；

A_r——参考对象的面积；

$A_s(i)$——第 i 个分割对象的面积；

D_{sr}——分割对象图心到参考对象图心的平均距离；

$X_s(i)$ 和 $Y_s(i)$——第 i 个分割对象图心的坐标；

X_r 和 Y_r——参考对象图心的坐标。

RA_{or} 和 RA_{os}——用来评价分割对象与参考对象的拓扑相似度。如果对某个参考对象的分割精度较高，则两个量的数值都应接近 100。

不同于 Möller 等（2007）的方法，即运用相对位置（参考对象中心与重叠区域中心的距离与参考对象中心到最远重叠区域的距离之比）来评价参考对象和分割对象的几何相似度，我们发现仅用绝对距离值 D_{sr}，即可表示分割对象的位置精度，位置相对精确的对象其 D_{sr} 值接近于 0，而无论欠分割或过分割都将使 D_{sr} 值升高。RA_{or}、RA_{os} 和 D_{sr} 的均值反映了图像的整体分割质量。

三个分割方案得到的 RA_{or} 和 RA_{os} 值呈现相似的规律，即随着尺度参数从 20 增加到 800，RA_{or} 值增加，RA_{os} 值减小（图 2-4）。在小尺度范围内（如尺度参数 20～100），三种分割方案均具有较低的 RA_{or} 值 [对于基于光谱的分割方案，其 RA_{or} 值为 0.6%～22%，图 2-4（a）；对于基于 LIDAR 数据的分割方案，RA_{or} 值为 0.5%～31%，图 2-4（b）；对于基于光谱影像和 LIDAR 数据协同的分割方案，RA_{or} 值为 0.6%～32%，图 2-4（c）] 和较高的 RA_{os} 值[对于基于光谱的分割方案，其 RA_{or} 值为 0.6%～22%，图 2-4（a）；对于基于 LIDAR 数据的分割方案，RA_{or} 值为 0.5%～

31%，图 2-4（b）；对于基于光谱影像和 LIDAR 数据协同的分割方案，RA_{or} 值为 0.6%~32%，图 2-4（c）]。在这个尺度参数范围内，与 12 个参考对象重叠面积超过其本身面积 10%的感兴趣分割对象数量均大于 30 个（表 2-6）。较低的 RA_{or} 值，较高的 RA_{os} 值和感兴趣分割对象数量多表明在较小尺度范围上存在过分割现象。在大尺度范围内（尺度参数 400~800），三种分割方案均产生较高的 RA_{or} 值，较低的 RA_{os} 值和小于 12 个的感兴趣分割对象，这表明存在欠分割现象（图 2-4 和表 2-6）。在尺度参数为 200时，基于光谱数据的分割方案和基于 LIDAR 数据的分割方案所产生的感兴趣分割对象数量均与参考对象数量相同；而在尺度参数为 250 时，基于光谱和 LIDAR 数据协同的分割也发生了相同的状况。对于基于光谱影像的分割和基于 LIDAR 数据的分割，在尺度参数约为 150 和 200 时，RA_{or} 值和 RA_{os} 值相近；基于光谱和 LIDAR 数据的协同分割在尺度参数为 200 和 250 左右时，RA_{or} 值和 RA_{os} 值相近。相近的 RA_{or} 值和 RA_{os} 值揭示了对于参考对象欠分割与过分割现象的综合平衡。但是，此时基于 LIDAR数据的分割方案的 RA_{or} 值和 RA_{os} 值[尺度参数为 150 时，RA_{or}=32%，RA_{os}=55%；尺度参数为 200 时，RA_{or}=52%，RA_{os}=44%，图 2-4（b）]远低于基于光谱数据的分割方案[尺度参数为 150 时，RA_{or}=56%，RA_{os}=67%；和尺度参数为 200 时，RA_{or}=71%，RA_{os}=62%，图 2-4（a）]，同时也远低于基于光谱和 LIDAR 数据协同的分割方案[尺度参数为 200 时，RA_{or}=68%，RA_{os}=74%；尺度参数为 250 时，RA_{or}=88%，RA_{os}=76%，图 2-4（c）]。对于基于 LIDAR 数据的分割方案，尽管 RA_{or} 值与 RA_{os} 值间存在平衡，其产生的对象相比另外两种分割方案与参考对象的匹配仍然较差。

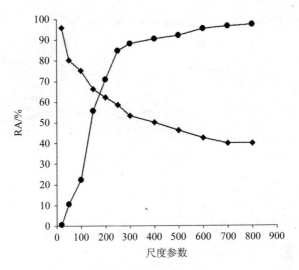

（a）基于光谱的分割

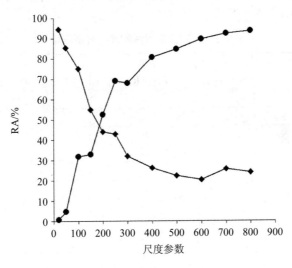

（b）基于 LIDAR 的分割

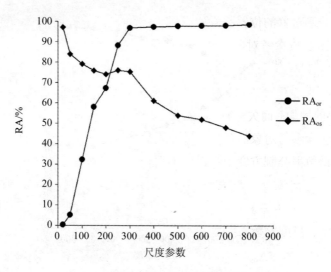

（c）基于光谱/LIDAR 协同的分割

图 2-4　基于影像对象与参考对象面积重合的分割质量评价

表 2-6　三种分割方案的分割对象数目

分割尺度 参数	影像对象数目		
	基于光谱的分割	基于 LIDAR 的分割	基于光谱/LIDAR 的分割
20	1 569	1 663	1 321
50	326	226	218
100	49	30	36
150	19	19	20
200	12	12	16
250	10	11	12
300	10	11	11
400	10	9	10
500	9	7	8
600	7	6	6
700	6	5	5
800	5	5	4

遥感技术在自动化森林资源清查中的应用研究

分割对象的位置精度如图 2-5 所示。三种分割方案中，影像对象图心与参考对象图心间的距离随尺度参数的增加而减小至最小值，然后随尺度参数增加而逐渐变大。当尺度参数较小时，过分割现象产生多个分割对象与同一个参考对象重叠，这导致了 D_{sr} 值的增加。而欠分割现象，从另一方面来讲，可以生成较大的足以包含参考对象的分割对象，这也导致了 D_{sr} 值的增加。在基于光谱数据分割方案中，尺度参数为 200 和 250 时 D_{sr} 达到最小（86 m）；在基于 LIDAR 数据的分割方案中，尺度参数为 100 时 D_{sr} 达到最小（166 m），而在基于光谱和 LIDAR 数据协同的分割方案中，尺度参数为 250 时 D_{sr} 达到最小（33 m）。综合考虑拓扑精度（RA_{or} 和 RA_{os}）和位置精度（D_{sr}），可发现基于光谱和 LIDAR 数据协同的分割方案在尺度参数为 250 时产生与参考对象吻合度最高的分割对象，即分割精度达到最高（RA_{or} 和 RA_{os} 值较大且二者数值相近，同时 D_{sr} 值较小）。基于 LIDAR 数据的分割方案在尺度参数为 150 和 200 时 RA_{or} 和 RA_{os} 趋于平衡，但值较低，并且在尺度参数为 100 时位置精度较低。这与目视判断得到的结果一致，即在这些尺度下的分割对象与林分边界不能很好地吻合。

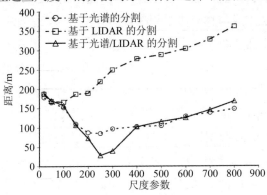

图 2-5　基于距离的分割质量评价

图 2-6 表示了基于三种分割方案，对分类精度进行比较的结果。Kappa 一致性系数用来分析比较各个方案的分类性能。分别对于 12 个尺度参数下的三种分割方案中的每一种分割方案，利用分类特征协同（即光谱特征和 LIDAR 数据提供的地形、高度等特征）进行分类的结果，根据验证数据计算 Kappa 值（即 36 个 Kappa 值）。很显然，基于光谱数据和 LIDAR 数据协同分割，利用二者数据的协同进行分类（图 2-6 中的 SPLD/SP-TOPO-HT）的精度始终高于仅基于光谱数据分割（图 2-6 中的 SP/SP-TOPO-HT）或仅基于 LIDAR 数据分割随后再利用二者数据协同进行分类的（图 2-6 中的 LD/SP-TOPO-HT）精度。尤其是基于光谱数据的分割在小尺度（如尺度参数为 20）上进行分割时趋向于将树冠之间的阴影或缝隙与树冠分开，因而导致了林分尺度上的巨大差异。LIDAR 数据变量中高度数据层的运用则减轻了阴影对分割的影响，这是由于林分尺度上的树木高度的分布相比光谱特征来说更加均一化。这也可以解释为什么仅基于 LIDAR 数据分割的分类精度在小尺度范围内高于仅基于光谱数据分割的分类精度。然而，尺度参数较大时，仅基于 LIDAR 数据图层的分割无法生成与林分边界相吻合的分割对象，因此分类结果精度很低。由两者数据结合作为分割输入图层，并且用二者数据的协同作为分类特征时，当尺度参数选取为 250 时，分类精度达到最高，此时 Kappa 系数达到 91.6%。基于三种分割方案进行分类得到的 Kappa 值的统计比较可发现在尺度参数为 250 时基于光谱数据和 LIDAR 数据协同分割的森林分类精度要显著优于其他分割方案下的森林分类精度（表 2-7）。图 2-4～图 2-6 阐述了分割质量与分类精度的关系：分割对象与参考对象间匹配程度越高，分类精度则越高，而匹配度较低则导致分类精度偏低。

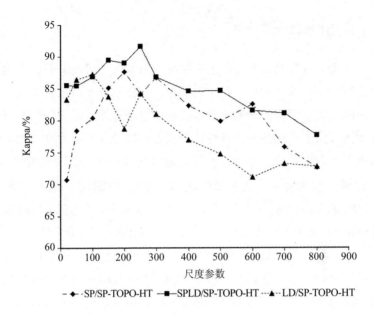

图 2-6　三种分割方案的结果精度

表 2-7　尺度参数为 250，不同分类方案之间 Kappa Z-检验

$$[H_0: \quad k_i = k_j (i \neq j)]$$

	SP/ SP-TOPO-HT	SPLD/ SP-TOPO-HT	LD/ SP-TOPO-HT	k/%	ASE
SP/ SP-TOPO-HT	NA			84	0.024
SPLD/ SP-TOPO-HT	**2.5**	NA		92	0.018
LD/ SP-TOPO-HT	0.76	**3.2**	NA	81	0.026

注：加粗的值表示两个分类结果之间显著不同，置信水平为95%。

k: Kappa 值；ASE: 渐进标准误差，ASE = $\sqrt{V_{ar}(k)}$。

2.4.2 基于面向对象特征的分类

对于三种分割方案，基于六组特征的分类结果均具有相似的变化规律（图 2-7～图 2-9）。对于每一种分割方案，仅基于光谱特征的分类精度均低于基于其他特征的分类精度。尤其是在小尺度参数范围上，仅基于光谱特征的分类精度尤其低。例如，对于基于光谱数据的分割方案，利用光谱特征进行分类的（即图 2-7 中的 SP/SP）Kappa 值在尺度参数 20 时仅为 53%，在尺度参数 50 时仅为 61%；对于基于 LIDAR 数据的分割（即图 2-8 中的 LD/SP），其 Kappa 值与之相比稍高，但仍较低；Kappa 值在尺度参数 20 时为 62%，尺度参数 50 时为 63%；对于基于光谱数据和 LIDAR 协同的分割方案（即图 2-9 中的 SPLD/SP），Kappa 值在尺度参数 20 时为 57%，在尺度参数 50 时为 64%。精度较低的原因主要归结于由树冠纹理、树枝之间的空隙以及阴影所产生的树冠内部的光谱差异较大。

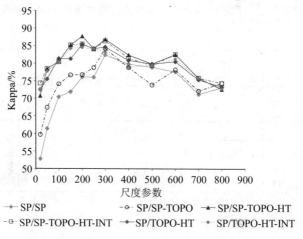

图 2-7　基于光谱数据进行分割，利用六类特征进行分类的结果精度

遥感技术在自动化森林资源清查中的应用研究

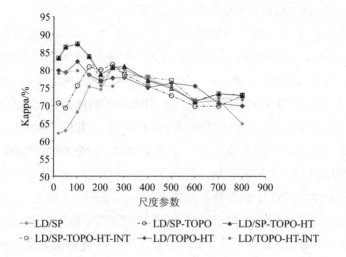

图 2-8　基于 LIDAR 数据进行分割，利用六类特征进行分类的结果精度

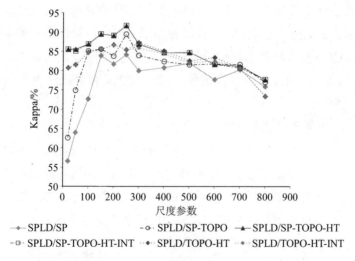

图 2-9　基于光谱数据/LIDAR 协同进行分割，利用六类特征进行分类的
结果精度

当由 LIDAR 数据变量得到的地形特征（TOPO）引入分类特征中时，小至中尺度范围内的分类精度有所提高（即尺度参数 20～300）。对于基于光谱数据和 LIDAR 数据协同的分割方案，在尺度参数为 20～300 时，考虑光谱特征的同时考虑 LIDAR 得到的地形特征（即图 2-7 中的 SP/SP-TOPO 和图 2-8 中的 LD/SP-TOPO）可使分类精度提高 1%～8%。对于基于光谱和 LIDAR 数据协同的分割方案，引入 LIDAR 数据变量中的地形特征相比仅利用光谱特征精度提升了 10%～20%（即图 2-9 中的 SPLD/SP-TOPO）。地形特征通常在林分内部表现同质性，因此可减少由阴影影响造成的相邻对象之间的类内差异，进而提高分类精度。LIDAR 数据变量中高度信息应用于分类（即图 2-7 中的 SP/SP-TOPO-HT，图 2-8 中的 LD/SP-TOPO-HT，图 2-9 中的 SPLD/SP-TOPO-HT）则可显著提高所有尺度下的分类精度。尤其在小到中尺度下，结合 LIDAR 数据变量的分类结果与仅基于光谱特征的分类结果相比，精度提高了 20%。尽管低点云密度的 LIDAR 数据无法提供精细的单株立木的高度信息，然而首次回波与裸土表面回波的差异在某种程度上表征了林分之间垂直结构的差异。

在叶落季节采集 LIDAR 数据也有助于分类。例如，在尺度参数为 250 时（表 2-8），在分类中考虑 LIDAR 变量信息可以有效地减小落叶林和加拿大铁杉林之间的混淆，而这种混淆在基于光谱的分类中非常明显（前者使铁杉的生产者精度从 72% 提高至 95%）。高度信息同样使挪威云杉和松树林分更容易区分开，这是由于挪威云杉林分的平均高度更高。结合使用光谱与 LIDAR 数据变量特征在六组分类中取得的分类精度达到最高。在尺度参数为 200 时，基于光谱数据分割的分类 Kappa 值最高达到 88%；在尺度参数为 100 时，基于 LIDAR 光谱数据分割的分类 Kappa 值最高达到 87%；在尺度参数为 250 时，基于光谱和 LIDAR 数据协同分割的分类结果最高 Kappa 值达到 92%，这也是 180 个分割—分类中取得的最高分类精度。图 2-10 为在此尺度参数下，利用此分割、分类方案产生的决策树进行分类的树种分布专题图。

表 2-8　尺度参数为 250 时，两个分类方案的精度评价

方案	分类	参　考					UA/%
		挪威云杉	赤松	加拿大铁杉	北美落叶松	落叶阔叶林	
SPLD/SP	挪威云杉	60	7	1	0	0	88
	赤松	2	19	1	1	1	79
	加拿大铁杉	1	0	46	4	0	90
	北美落叶松	0	0	4	20	1	80
	落叶阔叶林	1	0	12	0	141	92
	PA/%	94	73	72	80	98	
	OA/%	89					
	k/%	84					
SPLD/ SP-TOPO-HT	挪威云杉	61	3	3	0	0	91
	赤松	1	22	0	1	1	88
	加拿大铁杉	1	1	61	2	1	92
	北美落叶松	0	0	0	18	0	100
	落叶阔叶林	1	0	0	4	141	97
	PA/%	95	85	95	72	99	
	OA/%	94					
	k/%	92					

注：UA：用户精度；PA：生产者精度；OA：总体精度；k：Kappa 值。

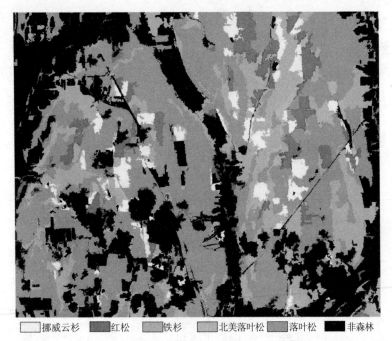

☐挪威云杉 ■红松 ▨铁杉 ▨北美落叶松 ▨落叶松 ■非森林

图 2-10 尺度参数为 250，基于光谱/LIDAR 数据协同进行分割、

分类的树种分布图

表 2-9 总结了对于每一种分割方案，在最优尺度（即使分类精度达到最高的尺度）上，利用六组特征进行分类产生的 Kappa 值的统计比较。Z 检验统计表明虽然 LIDAR 数据变量中地形特征并没有在统计意义上显著提高分类精度，但结合考虑 LIDAR 数据的高度信息则可显著提高分类精度。此外，在本研究中 LIDAR 强度信息也未能提高树种分类精度。同样，分类中运用 LIDAR 得到的地形、高度和强度特征与仅仅运用地形和高度信息相比也不能提高分类精度。分类中仅使用 LIDAR 变量特征与仅使用光谱变量特征相比精度有所提高，但其精度仍然低于使用光

谱数据和 LIDAR 数据变量协同的分类。

表 2-10 总结了对于分类有贡献意义的特征。对于每一个分割方案,当分类过程中仅使用光谱特征时,近红外波段的均值都是类别区分最重要的变量(即 SP/SP,尺度参数 200;LD/SP,尺度参数 100;SPLD/SP,尺度参数 250;见表 2-10)。LIDAR 数据的贡献主要来自于高度信息。当 LIDAR 数据变量中的地形数据引入分类中,DEM 的均值被视为重要特征,但其重要程度低于光谱特征(参考 SP/SP-TOPO、LD/SP-TOPO 和 SPLD/SP-TOPO 三种分割—分类方案)。但当 LIDAR 数据变量中的高度特征一旦参与分类,则一直在分类中发挥重要作用(如 SP/SP-TOPO-HT、SP/SP-TOPO-HT-INT 或 SP/TOPO-HT)。

2.4.3　最优尺度选择

很多因素都可影响影像分割质量,这其中包括输入图层、各图层的权重、色彩/形状比和尺度参数。尺度参数是影响分割质量的最重要的因素,并影响随后的分类精度。在 Definiens 软件中尺度参数是一个抽象的术语,其物理定义并未明确给出,但它反映了分割过程中的空间尺度,这是由于尺度参数的值与分割对象的大小呈正相关——较大的尺度参数产生较大的对象,较小的尺度参数则产生较小的对象(Benz et al.,2004)。在本研究中,最优尺度参数被定义为可使分类结果精度达到最高的值。18 种分割—分类方案随着尺度变化其 Kappa 值的变化存在相似性(图 2-7~图 2-9):小尺度范围上精度较低,随着尺度变大精度提高,直到在一定尺度内 Kappa 值达到顶峰(如图 2-7 中的 SP/SP-TOPO-HT,尺度参数 200),随后精度又随尺度的增加而下降。如前文所述,

表2-9 三种分割方案分别在最优分割尺度上的 Kappa Z检验统计值比较

基于光谱的分割方案，尺度参数为200

分类	SP/SP	SP/SP-TOPO	SP/SP-TOPO-HT	SP/SP-TOPO-HT-INT	SP/TOPO-HT	SP/TOPO-HT-INT	k/%	ASE
SP/SP	NA						76	0.030
SP/SP-TOPO	0.15	NA					77	0.029
SP/SP-TOPO-HT	3.1	3.0	NA				88	0.022
SP/SP-TOPO-HT-INT	2.5	2.3	0.67	NA			85	0.024
SP/TOPO-HT	2.4	2.3	0.70	0.021	NA		85	0.024
SP/TOPO-HT-INT	2.2	2.0	0.95	0.28		NA	84	0.024

基于 LIDAR 的分割方案，尺度参数为200

分类	LD/SP	LD/SP-TOPO	LD/SP-TOPO-HT	LD/SP-TOPO-HT-INT	LD/TOPO-HT	LD/TOPO-HT-INT	k/%	ASE
LD/SP	NA						68	0.032
LD/SP-TOPO	1.7	NA					76	0.029
LD/SP-TOPO-HT	5.0	3.3	NA				87	0.022
LD/SP-TOPO-HT-INT	5.0	3.3	0.0	NA			87	0.022
LD/TOPO-HT	2.8	1.1	2.2	2.2	NA		80	0.027
LD/TOPO-HT-INT	2.8	1.1	2.2	2.2	0.0	NA	80	0.027

遥感技术在自动化森林资源清查中的应用研究

基于光谱/LIDAR 的分割方案，尺度参数为 250

分类	SPLD/SP	SPLD/SP-TOPO	SPLD/SP-TOPO-HT	SPLD/SP-TOPO-HT-INT	SPLD/TOPO-HT	SPLD/TOPO-HT-INT	k/%	ASE
SPLD/SP	NA						84	0.025
SPLD/SP-TOPO	1.7	NA					89	0.021
SPLD/SP-TOPO-HT	**2.5**	0.81	NA				92	0.018
SPLD/SP-TOPO-HT-INT	**2.5**	0.81	0.00	NA			92	0.018
SPLD/TOPO-HT	0.38	1.3	**2.1**	**2.1**	NA		85	0.024
SPLD/TOPO-HT-INT	0.38	1.3	**2.1**	**2.1**	0.0	NA	85	0.024

注：加粗表示两个分类结果之间显著不同，置信水平为 95%。

表2-10 影像对象特征指标对分类的贡献，用特征指标利用率表示（Quinlan，2003）

基于光谱的分割方案 尺度参数为200		基于LIDAR的分割方案 尺度参数为100		基于光谱/LIDAR协同的分割方案 尺度参数为250	
分类	特征指标利用率（>70%）	分类	特征指标利用率（>70%）	分类	特征指标利用率（>70%）
SP/SP	NIR 均值 NIR 标准差 Blue 标准差 Green 均值	LD/SP	NIR 均值 Green 均值 NIR GLDV contrast	SPLD/SP	NIR 均值 Blue 均值
SP/SP-TOPO	NIR 均值 Red 均值 Blue 标准差 DEM 均值 NIR 标准差	LD/SP-TOPO	GLCM green 均值 DEM 均值 NIR 均值	SPLD/SP-TOPO	NIR 均值 blue 均值 red 均值 DEM 均值
SP/SP-TOPO-HT	Height 均值 NIR 均值 Height 标准差	LD/SP-TOPO-HT	Height 均值 NIR 均值 Height 均值	SPLD/SP-TOPO-HT	NIR 均值 DEM 均值 height 标准差 NIR GLCM 均值

遥感技术在自动化森林资源清查中的应用研究

分割方案	方法	特征
基于光谱的分割方案 尺度参数为 200	SP/SP-TOPO-HT-INT	Height 标准差、NIR 均值、DEM 均值
	SP/TOPO-HT	height GLDV contrast、height 标准差、DEM 标准差、Slope 标准差
	SP/TOPO-HT-INT	DEM 均值、Height 标准差
基于 LIDAR 的分割方案 尺度参数为 100	LD/SP-TOPO-HT-INT	Height 均值、NIR 均值、Height 标准差
	LD/TOPO-HT	height GLDV contrast、Height 标准差、DEM 均值
	LD/TOPO-HT-INT	Height 标准差、height GLDV contrast
基于光谱/LIDAR 协同的分割方案 尺度参数为 250	SPLD/SP-TOPO-HT-INT	NIR 均值、DEM 均值、Height 标准差、GLCM NIR 均值
	SPLD/TOPO-HT	height GLDV contrast、height 均值、height 标准差
	SPLD/TOPO-HT-INT	Height 标准差、height GLDV contrast

尺度较小时的分类误差被认为是由阴影影响导致类内差异较大而导致的。随着尺度增加，对象大小也在增加，阴影影响有所减轻，而对象特征则可代表林分中的平均响应。但是，尺度不断增加对于分类精度的改进存在一定的限制，即当在某一时刻对象的大小变得比单一林分还要大时造成分类精度下降。

当同时使用光谱和 LIDAR 变量得到的对象特征进行分类时，对于基于光谱数据的分割方案，最优尺度参数为 200；对于基于 LIDAR 数据的分割方案，最优尺度参数为 100；而对于采用光谱数据和 LIDAR 数据协同的分割方案，最优尺度参数为 250。表 2-11 总结比较了最优尺度参数与其他尺度参数上得到的分类结果比较的 Z 检验统计值。尽管基于最优尺度参数的分类精度显著高于基于小尺度（如尺度参数 20～50）或大尺度参数（如尺度参数 500～800）的分类精度，但取值在最优尺度参数周围一定范围内得到的分类精度在统计学意义上具有相似的分类精度。例如，基于光谱数据的分割中，尺度参数在 150～400 得到相似的 Kappa 值（82%～87%）；对于基于 LIDAR 数据的分割，尺度参数在 20～150 将得到相似的 Kappa 值（82%～87%）；而对于基于光谱数据和 LIDAR 数据协同的分割方案，尺度参数在 100～300 产生的 Kappa 值相似（87%～92%）。我们发现与已有文献尝试确定一个单一的尺度参数以产生最高的分类精度（Kim et al.，2008；Wang et al.，2004）不同，本研究中利用统计分析揭示了把最优尺度参数定义为一个范围则更为恰当。Kim（2008）研究发现当对象大小和位置最接近林分时其精度最高。在本研究中，我们得到了相似的结果：在尺度参数为 250 时基于光谱和 LIDAR 数据协同的分割质量最好，同时也产生了最精确的分类结果。然而，产生最高分类

遥感技术在自动化森林资源清查中的应用研究

精度的尺度是一个范围而并非一个单一的值，这个事实表明对于林分轻微的过分割或者欠分割现象并不显著影响分类精度。基于 LIDAR 数据分割的最优尺度参数（最优尺度参数为 20～150）小于其他分割方案（基于光谱数据分割的最优尺度参数 150～400 和基于光谱和 LIDAR 数据协同分割的最优尺度参数为 100～300）。这是因为基于 LIDAR 数据的分割不受林冠之间的阴影所影响，但阴影对高分辨率多光谱影像的分割影响非常大；因此基于 LIDAR 数据的分割甚至可通过很小的对象得到较高的分类精度。此外，基于 LIDAR 数据的分割由于缺少光谱信息，以及由于高程图层的影响，在大尺度（如尺度 200）下产生的对象与林分边界线不能很好吻合[图 2-3（e），图 2-4（b）和图 2-5]，因此结果精度较低。

表 2-11　不同尺度参数下分割的分类结果 Kappa Z-检验分析

尺度参数	SP/SP-TOPO-HT			LD/SP-TOPO-HT			SPLD/SP-TOPO-HT		
	k/%	ASE	H_0: $k=k_{200}$	k/%	ASE	H_0: $k=k_{100}$	k/%	ASE	H_0: $k=k_{250}$
20	71	0.030	**4.5**	83	0.024	1.2	86	0.023	**2.1**
50	78	0.027	**2.7**	86	0.023	0.28	86	0.023	**2.1**
100	80	0.026	**2.1**	87	0.022	NA	87	0.022	1.7
150	85	0.024	0.76	84	0.024	1.1	90	0.020	0.79
200	88	0.022	*NA*	79	0.028	**2.4**	89	0.021	0.93
250	84	0.024	1.1	81	0.026	1.9	92	0.018	NA
300	87	0.023	0.27	81	0.026	1.8	87	0.023	1.7
400	82	0.026	1.6	77	0.028	**2.9**	85	0.024	**2.3**
500	80	0.027	**2.2**	75	0.030	**3.4**	85	0.024	**2.3**
600	83	0.026	1.5	71	0.033	**4.1**	82	0.026	**3.2**
700	76	0.029	**3.2**	73	0.031	**3.7**	81	0.026	**3.3**

尺度	SP/SP-TOPO-HT			LD/SP-TOPO-HT			SPLD/SP-TOPO-HT		
参数	k/%	ASE	H_0: $k=k_{200}$	k/%	ASE	H_0: $k=k_{100}$	k/%	ASE	H_0: $k=k_{250}$
800	73	0.031	**4.0**	73	0.031	**3.8**	78	0.028	**4.2**

注: 粗体表示两个分类结果之间显著不同, 置信水平为 95%。

k: Kappa 值; k_{200}: 尺度参数为 200 时的 Kappa 值; k_{100}: 尺度参数为 100 时的 Kappa 值; k_{250}: 尺度参数为 250 时的 Kappa 值; ASE: 渐进标准误差, ASE = $\sqrt{V_{ar}(k)}$。

2.5 结论

在本章中, 我们探讨了高空间分辨率多光谱影像与低点云密度 LIDAR 数据协同在面向对象的森林树种分类中所起到的作用。协同使用光谱和 LIDAR 数据与单一使用其中任意一种数据相比, 可使森林分类达到更高的精度。在对 12 个分割尺度下的 18 种分割—分类方案进行精度评价与比较后, 研究发现, 在尺度参数为 250 时, 采用基于光谱数据和 LIDAR 数据作为输入图层的分割, 并同时采用光谱和 LIDAR 数据得到的地形和高度变量作为分类特征进行基于对象的分类, 得到的分类精度最高。通过不同的尺度参数上的分类精度比较, 也表明了在此最优参数周围有一定的参数范围, 在此范围内获取的分类精度在统计学意义上并无显著差别。

本章揭示了每种数据源在森林分类中的作用: ①高空间分辨率多光谱影像有助于定义林分边界并可提供区分森林树种的光谱信息; ②LIDAR 数据变量中的地形和高度信息有助于减轻在小尺度范围内由树冠之间的阴影造成的光谱差异; ③由于树种间的高度不同, LIDAR 数据变量高度信息可显著增强对象的类间差异；④在落叶季节采集的 LIDAR 数据也可显著区分针叶林分和与其相邻的阔叶林分，因此可产生更好的分割结果。通过评价不同尺度下的分类我们发现，最优尺度参数受分割时输入数据层的影响。与其选择单一的最优尺度参数，我们更建议选择一定的尺度参数范围，这是由于它们在分类精度上拥有统计学意义上的相似性。我们相信这些发现将有助于增强对基于对象的多尺度影像分析的理解，并将该方法拓展到其他领域。虽然在 Definiens 中尺度参数的物理意义没有被明确定义，但它确实是空间尺度的表征。在本研究中，一定范围内尺度的分类结果的相似性表明单一尺度的估算并不是问题的关键。在今后的研究中，我们需要探讨自动确定最优尺度参数范围的方法。通常情况下，基于对象的分类由三个基本步骤组成：影像分割、对象特征的提取和基于对象特征的分类。三个步骤中的每一步都会显著影响到结果的精度。例如在我们的研究中，对于基于光谱数据的分割、基于 LIDAR 数据的分割和基于光谱数据和 LIDAR 数据的协同分割产生了不同的分类精度；在相同的分割方案中选择相同的尺度参数，使用不同的分类特征也产生了不同的分类结果。在本研究中我们通过计算分割对象与参考对象的位置与拓扑关系的匹配来评价分割质量，并且评价了分割质量对分类精度的影响。我们发现较高的分割对象与参考对象匹配程度获得了较高的分类精度，但是，轻微的过分割和欠分割现象不会显著影响分类结果。

另外，在本章研究中，我们分别使用分类软件 Definiens、Quinlan's C5.0 和 ArcGIS 9.2 来自动实现影像分割过程、分类过程和精度评价过程。尽管将这些步骤整合成一个整体流程并不是我们研究的初衷，然而对于森林资源清查的实施，将基于对象的树种分类实现非常有必要，该方面也将值得我们进行更加深入的研究。

参考文献

[1] Baatz M, Schape A. 2000. Multiresolution segmentation — an optimization approach for high quality multi-scale image segmentation. *Angewandte Geographische Informationsverarbeitung*, 12-23. Wichmann-Verlag: Heidelberg.

[2] Baatz M, Benz U, Dehghani S, et al. 2004. *eCognition User Guide* 4.(pp. 133-138). Munich, Germany: Definiens Imaging, Germany.

[3] Baltsavias E P. 1999. Airborne Laser Scanning: Basic Relations and Formulas[J]. *ISPRS Journal of Photogrammetry & Remote Sensing*, 54: 199-214.

[4] Blaschke T. 2003. Object-based contextual image classification built on image segmentation[J]. 2003 *IEEE Workshop on Advances in Techniques for Analysis of Remotely Sensed Data*, 113-119.

[5] Blaschke T. 2005. Towards a framework for change detection based on image objects// Erasmi S, Cyffka B, Kappas M. *Göttinger Geographische Abhandlungen*, 113: 1-9. Available online at: http://www.ggrs.uni-goettingen.de/ggrs2004/CD/ Applications_in_Geography/GGRS2004_Blaschke_G001.pdf(accessed 15 April 2009).

[6] Brandtberg T, Warner T, Landenberg R, et al. 2003. Detection and analysis of individual leaf-off tree crowns in small footprint, high sampling density lidar data from the eastern deciduous forest in North America[J]. *Remote Sensing of Environment*, 85: 290-303.

[7] Brown de Colstoun E C, Story M H, Thompson C, et al. 2003. National Park vegetation mapping using multitemporal Landsat 7 data and a decision tree classifier[J]. *Remote Sensing of Environment*, 85: 316-327.

[8] Chubey M S, Franklin S E, Wulder M A. 2006. Object-based analysis of IKONOS-2 imagery for extraction of forest inventory parameters[J]. *Photogrammetric Engineering and Remote Sensing*, 72: 383-394.

[9] Clark M L, Roberts D A, Clark D B. 2005. Hyperspectral discrimination of tropical rain forest tree species at leaf to crown scales[J]. *Remote Sensing of Environment*, 96: 375-398.

[10] Congalton R G, Green K. 2008. Assessing the Accuracy of Remotely Sensed Data:

Principles and Practices. 2nd ed. *Boca Raton: CRC Press*, 105-110.

[11] Franklin S E, Maudie A J, Lavigne M B. 2001. Using spatial co-occurrence texture to increase forest structure and species classification accuracy[J]. *Photogrammetric Engineering and Remote Sensing*, 67: 849-855.

[12] Gitelson A A, Kaufmann Y J, Merzlyak M N. 1996. Use of Green Channel in Remote Sensing of Global Vegetation from EOS-MODIS[J]. *Remote Sensing of Environment*, 58: 289-298.

[13] Goodenough D G, Niemann D A, Pearlman K O, et al. 2003. Processing Hyperion and ALI for forest classification[J]. *IEEE Transactions on GeoScience and Remote Sensing*, 41: 1321-1331.

[14] Goodenough D G, Chen H, Han D T, et al. 2005. Multisensor Data fusion for aboveground carbon estimation[J]. *Proceedings of XXVIIIth General Assembly of the International Union of Radio Science（URSI）, October, 23-29, New Delhi, India*, 1-4.

[15] Haralick R M. 1986. Statistical Image Texture Analysis// Young T Y, Fu K S. *Handbook of Pattern Recognition and Image Processing*（247-279）. New York.

[16] Heller R C, Doverspike G E, Aldrich R C. 1964. Identification of tree species on large scale panchromatic and color aerial photographs. *USDA Handbook No. 261*: 1-17.

[17] Hill R A, Thomson A G. 2005. Mapping woodland species composition and structure using airborne spectral and LIDAR data[J]. *International Journal of Remote Sensing*, 26: 3763-3779.

[18] Hodgson M E, Bresnahan P. 2004. Accuracy of Airborne Lidar-Derived Elevation: Empirical Assessment and Error Budget[J]. *Photogrammetric Engineering & Remote Sensing*, 70: 331-339.

[19] Hodgson M E, Jensen J R, Tullis J A, et al. 2003. Synergistic Use of LIDAR and Color Aerial Photography for Mapping Urban Parcel Imperviousness[J]. *Photogrammetric Engineering & Remote Sensing*, 69: 973-980.

[20] Holmgren J, Persson A. 2004. Identifying species of individual trees using airborne laser scanner[J]. *Remote Sensing of Environment*, 90: 415-423.

[21] Holmgren J, Persson A, Soderman U. 2008. Species identification of individual trees by combining high resolution LIDAR data with multi-spectral images[J].

International Journal of Remote Sensing，29：1537-1552.

[22]　Im J，Jensen J R，Hodgson M E. 2008. Object-Based Land Cover Classification Using High-Posting-Density LIDAR Data[J]. *GIScience & Remote Sensing*，45：209-228.

[23]　Im J，Jensen J R.，Tullis J A. 2007. Object-based change detection using correlation image analysis and image segmentation[J]. *International Journal of Remote Sensing*，29：399-423.

[24]　Jensen J R，Im J，Hardin P，Jensen R R. 2009. Image Classification//Warner T A，Nellis M D，Foody G M. *The SAGE Handbook of Remote Sensing*. United Kingdom：London，269-281.

[25]　Kim M，Madden M，Warner T. 2008. Object-based forest stand mapping using multispectral IKONOS Imagery：Estimation of optimal image object size// Blacshke T，Lang S，Hay G J. *Object-Based Image Analysis*. New York：Springer-Verglag，291-307.

[26]　Lawrence R L，Wood S D，Sheley R L. 2006. Mapping invasive plants using hyperspectral imagery and Breiman Culter classifications（randomForest）[J]. *Remote Sensing of Environment*，100：356-362.

[27]　Leckie D，Gougeon F，Hill D，et al. 2003. Combined high density LIDAR and multispectral imagery for individual tree crown analysis[J]. *Canadian Journal of Remote Sensing*，29：633-649.

[28]　Leonard J. 2005. *Technical Approach for LIDAR Acquisition and Processing*. Frederick，MD：EarthData Inc，1-20.

[29]　Liang X，Hyyppa J，Matikainen L. 2007. First-last pulse signatures of airborne laser scanning for tree species classification，Deciduous-coniferous tree classification using difference between first and last pulse laser signatures[J]. *Proceedings of the ISPRS workshop，Laser Scanning 2007 and Silvilaser 2007*，253-257.

[30]　Martin M E，Newman S D，Aber J D，et al. 1998. Determining forest species composition using high spectral resolution remote sensing data[J]. *Remote Sensing of Environment*，65：249-254.

[31]　Maune D F，Kopp S M，Crawford C A，et al. 2001. Introduction//Maune D F. *Digital Elevation Model Technologies and Applications：The DEM Users Manual*. American Society for Photogrammetry and Remote Sensing，Bethesda，Maryland，

537.

[32]　Meinel G，Neubert M. 2004. A Comparison of segmentation programs for high resolution remote sensing data[J]. *International Archives of Photogrammetry and Remote Sensing*，35：1097-1105.

[33]　Möller M，Lymburner L，Volk M. 2007. The comparison index：A tool for assessing the accuracy of image segmentation[J]. *International Journal of Applied Earth Observation and Geoinformation*，9：311-321.

[34]　Moore D，Grayson R B，Ladson A R. 1991. Digital terrain modeling-a review of hydrological，geomorphological and biological applications[J]. *Hydrological Processes*，5：3-30.

[35]　Pal M，Mather P M. 2003. An assessment of the effectiveness of decision tree methods for land cover classification[J]. *Remote Sensing of Environment*，86：554-565.

[36]　Pugh M L. 2005. Forest Terrain Feature Characterization using multi-sensor neural image fusion and feature extraction methods. *Ph.D. Dissertation，State University of New York College of Environmental Science and Forestry*. 56-85.

[37]　Quackenbush L J，Ke Y. 2007. Investigating new advances in forest species classification. *Proceedings of 2007 ASPRS Annual Conference*（American Society of Photogrammetry and Remote Sensing，Bethesda，Maryland），May 7-11，2007，Tampa，Florida. Unpaginated CD-ROM.

[38]　Quinlan J R. 2003. Data Mining Tools See5 and C5.0.St. Ives NSW，Australia：RuleQuest Research. http://www.rulequest.com/see5-info.html（accessed on 14 April 2009）.

[39]　Radoux J，Defourny P. 2008. Quality assessment of segmentation results devoted to object-based classification// Blaschke T，Lang S，Hay G J. *Object-Based Image Analysis-Spatial Concepts for Knowledge-Driven Remote Sensing Applications*. Springer-Verlag，Berlin，818.

[40]　Radoux J，Defourny P，Bogaert P. 2008. Comparison of pixel- and object-based sampling strategies for the thematic accuracy assessment. *Proceedings of International conference GEOBIA，2008 - Pixels，Objects，Intelligence*：*Geographic-Object Based Image Analysis for the 21st Century*，August 5-8，2008，Calgary，Alberta，Canada.

[41]　Reitberger J，Krzystek P，Stilla U. 2008. Analysis of full waveform LIDAR data for

the classification of deciduous and coniferous trees[J]. *International Journal of Remote Sensing*, 29: 1407-1431.

[42]　Stehman S V, Czaplewski R L. 1998. Design and analysis for thematic map accuracy assessment: fundamental principles[J]. *Remote Sensing of Environment*, 64: 331-344.

[43]　Thomas N, Hendrix C, Congalton R G. 2003. A comparison of urban mapping methods using high-resolution digital imagery[J]. *Photogrammetric Engineering and Remote Sensing*, 69: 963-972.

[44]　Treitz P M, Howarth P J. 2000. Integrating spectral, spatial, and terrain variables for forest ecosystem classification[J]. *Photogrammetric Engineering and Remote Sensing*, 66: 305-317.

[45]　Vieira I G, Silva de Almeida A, Davidson E A, et al. 2003. Classifying successional forests using Landsat spectral properties and ecological characteristics in eastern Amazonia[J]. *Remote Sensing of Environment*, 87: 470-481.

[46]　Walsh S J. 1980. Coniferous tree species mapping using Landsat data[J]. *Remote Sensing of Environment*, 9: 11-26.

[47]　Wang L, Sousa W P, Gong P. 2004. Integration of object-based and pixel-based classification for mapping mangroves with IKONOS imagery[J]. *International Journal of Remote Sensing*, 25: 5655-5668.

[48]　Wolter P T, Host G E, Mladenoff D J, et al. 1995. Improved forest classification in the northern Lake States using multi-temporal Landsat imagery[J]. *Photogrammetric Engineering & Remote Sensing*, 61: 1129-1143.

[49]　Wulder M A, Hall R J, Coops N C, et al. 2004. High spatial resolution remotely sensed data for ecosystem characterization[J]. *Bioscience*, 54: 511-521.

[50]　Wulder M A, Seemann D. 2003. Forest inventory height update through the integration of lidar data with segmented Landsat imagery[J]. *Canadian Journal of Remote Sensing*, 29: 536-543.

[51]　Yu Q, Gong P, Clinton N, Biging G, et al. 2006. Object-based detailed vegetation classification with airborne high spatial resolution remote sensing imagery[J]. *Photogrammetric Engineering and Remote Sensing*, 72: 799-811.

[52]　Zhang C, Franklin S E, Wulder M A. 2004. Geostatistical and texture analysis of airborne-acquired images used in forest classification[J]. *International Journal of*

Remote Sensing，25：859-865.

[53] Zhang Y J. 1996. A survey on evaluation methods for image segmentation[J]. *Pattern Recognition*，29：1335-1346

[54] Zhou W，Troy A. 2008. An object-oriented approach for analysing and characterizing urban landscape at the parcel level[J]. *International Journal of Remote Sensing*，29：3119-3135.

第 3 章 基于被动遥感的单株立木树冠自动检测与勾勒方法综述

　　高效的森林管理需要详细、及时的森林信息。随着高空间分辨率遥感影像种类不断增多，以更低的成本自动进行高精度森林资源清查和分析潜力巨大。近些年，陆续出现许多研究旨在提供基于单株立木的森林资源清查信息，并提出了许多单株立木树冠自动检测和勾勒的算法。本章重点回顾了应用于被动遥感影像的算法研究，并对树冠自动检测和勾勒的方法进行了分类和评估。本章回顾了应用这些算法的影像类型和研究区域的特征，并评估这些因素对单株立木树冠检测与勾勒方法的影响。同时，本章综述并评价了树冠检测和勾勒的定量精度评估方法。最后，本章总结了目前算法的共性和未来所期望的新的发展。

3.1 引言

3.1.1 背景

森林在世界生态系统、环境、经济和社会中起着非常重要的作用（Davis et al.，2001）。进行较好经营管理的森林不仅可以为人类活动（例如建筑和娱乐）提供可再生资源，并可通过保护生物多样性、维持稳定的养分和能量循环、防止土壤退化和侵蚀等方式（Kangas et al.，2006）保护生态系统。详细的森林资源清查信息的获取是森林经营管理的基础。通常来说，由森林资源清查采集的森林指标包括林班中树木的平均断面积，平均高度，平均年龄和树冠郁闭度（Kangas et al.，2006），以及单株立木的参数，如位置、树种、树冠大小。

传统的森林资源清查包括定期的现场测量样区中每棵单株立木的参数。从 20 世纪 60 年代初期（Singh，1986）开始，航空相片目视解译作为野外调查的替代方法或补充，在森林资源清查和分析中得到广泛应用。然而，野外调查和以目视解译为基础的分析技术都需要耗费大量的劳力和成本。随着遥感技术于 20 世纪 50 年代以来的迅速发展，机载传感器和卫星传感器目前都能够以较低的成本获得精确的高空间分辨率（亚米级）的数字影像。鉴于这一进步，现代计算机系统计算速度的提升促进了数字图像分析技术在自动识别特定对象特征方面的发展。这一发展能为单株立木尺度上的森林信息自动解译提供可行的数据来源和机会。基于单株立木的森林解译需要识别和勾勒单株立木树冠。单株立木树冠识别和勾勒能够有助于估算树冠大小、树冠郁闭度和树种。此外，这种技术能够促进森林资源清查其他参数的自动获取，如林分边界的划分、林分密度和物种组成。其他参数，如林隙分布和尺寸，也可以由此提取出来（Leckie et al.，1999a，1999b；Gougeon，2000）。

基于数字影像进行树冠自动检测与勾勒的研究可以追溯到20 世纪 80 年代中期。其中最早的算法是由 Pinz（1991，1999a，1999b）提出的。Pinz（1991）利用 20 世纪 80 年代中期提出的"视觉专家系统"能够在 10 cm 像素大小的航空影像中通过影像平滑，并且搜索局部亮度最大值来定位树冠的中心，估算树冠的半径。20 世纪 90 年代中期，Gougeon（1995a）提出了低谷跟踪以及基于规则的算法，该算法通过跟踪树冠之间的阴影低谷来对 36 cm 地面采样间隔（Ground Sampling Distance，GSD，又称"地面像素"）的数字航测图像中针叶林的林冠进行勾勒。在同一时期，多尺度分析被应用于更高分辨率影像来估算树冠的面积（Brandtberg 1998，1999a，1999b），基于模型的模板匹配技术也被引入单株立木识别中（Pollock 1996）。随后，其他图像分割算法如区域增长算法（Region Growing，RG）和分水岭算法也被引入树冠检测与勾勒中。Gougeon 等（2003）根据算法所提取的树冠信息将这些方法归为三类：树木位置检测；树木位置检测和冠幅参数估算；整个树冠的勾勒。这三类算法在某种程度上具有相似性，主要体现在其中大多数方法中，树冠检测是树冠勾勒的一个重要的前期步骤，并且其准确性又会大大影响树冠勾勒的准确性。然而，这些方法也会由于所使用的具体算法、方法所适用的研究区域的状况、适用影像的类型以及所选评价方法的准确性不同而不同。

近年来，激光雷达（LIDAR）数据已逐渐成为森林资源清查与分析的数据来源（Fransson et al.，2000；Holmgren et al.，2004）。由高分辨率光学遥感影像进行树冠检测与勾勒的算法也可以运用于 LIDAR 数据（Chen et al.，2006），而且这类方法也已成为算法开发的焦点。由于高采样密度的 LIDAR 点数据能提供详细的树冠垂直结构，一些研究利用激光雷达测量值来估算林分尺度上的平均树高、材积和生物量（Naesset，2002；Gobakken et al.，2005；Maltamo et al.，2006），或者用于提取单株立木信息，例如冠幅和树高（Brandtberg et al.，2003；Holmgren et al.，2004；Chen et al.，2006）。也有研究将 LIDAR 数据和高空间分辨率航空影像结合在一起应用于单株立木分析，这是由于 LIDAR 数据能够提供准确的树高信息，光学图像可以提供详细的空间和光谱信息。尽管 LIDAR 数据已成为一个很有前途的森林资源清查数据源，并且越来越多的研究应用此数据，由于现阶段利用 LIDAR 传感器采集大范围森林数据的成本仍然很高，因此，现有的单株立木树冠分析应用仍然由光学影像主导。基于这些因素，本章将仅讨论实际应用中较广泛的高分辨率光学影像，重点讨论与之相关的单株立木树冠检测与勾勒的算法。

　　本章的目的是对于现有文献中基于被动遥感影像进行树冠自动检测和勾勒的算法研究进行综述。正如前文所述，现已发展出许多单株立木树冠自动检测与勾勒的算法，并且已在不同的森林类型和影像类型中得到应用。由此，我们可推断，算法的差异、所应用森林类型的不同以及使用的影像类型的不同，这三种因素的任何一种因素都会导致树冠检测与勾勒结果和精度的不同。因此，我们十分有必要在讨论算法本身的同时讨论所用图像类型和研究区域之间的差异。

3.1.2 影像类型

长期以来，航空影像一直都是森林资源清查中最常见的遥感信息源（Kangas et al.，2006），因此使用航空影像的研究主导着单个树木探测和勾勒算法研究（Gougeon，1995a；Larsen，1997；Brandtberg，1998；Wang et al.，2004）。两个常用的传感器分别是小型航空光谱制图成像仪（Compact Airborne Spectrographic Imager，CASI）和多探测器光电成像传感器（Multispectral Electro optical Imaging Scanner，MEIS-II），CASI 是一个推扫成像仪，能够获取可见光到近红外（NIR）的多光谱影像（Anger et al.，1994），MEIS-II 收集中等到高空间分辨率高达 8 个光谱波段的影像（Gougeon 1995a，1995b；Pollock，1996，1999；Gougeon et al.，1999；Gougeon，2000；Wang et al.，2004，Bunting et al.，2006）。近年来，随着卫星图像的空间分辨率显著提高，有学者开始探索利用卫星数据代替航空影像。随着从高空间分辨率卫星——如IKONOS、QuickBird、WorldView 和 OrbView 中获取数据越来越容易，与航空相片相比，卫星影像幅宽更大（Gougeon et al.，2003）；另外随着卫星影像存档数据不断增多，其成本也在不断降低，因此，相比航空影像，卫星影像更加适宜于大范围内森林资源清查与分析。Gougeon 等（2006）在同龄针叶林林分中使用 1 m 地面分辨率的 IKONOS 全色波段影像进行单株立木树冠勾勒，并取得了较好的成果（平均15%的树木计数误差）。QuickBird卫星影像其全色模式的地面采样间隔为 0.61 m，多光谱模式的地面采样间隔为 2.44 m，被 Ke 等（2007）用于进行初步树冠检测和勾勒研究。

现有的树冠检测和勾勒方法一般基于树冠和背景之间的亮

度差异分离出单株立木。这种差异很大程度上依赖于影像空间分辨率与树冠尺寸的关系。超高分辨率影像（如 5～15 cm GSD）对于成熟立木的树冠有可能提供过于精细的信息——树枝和树枝之间的阴影会形成树冠内部巨大的亮度差异，进而造成一个树冠被分为几个小树冠。然而，随着分辨率降低，树冠区域和背景之间的亮度差异也会降低，尤其是一些小的树冠，因此，树冠边缘较难检测。图 3-1 总结了 40 个已有的应用中影像分辨率的使用次数。值得注意的是，在这幅图中，如果出现多篇文献讲述同一个应用，该应用不会被重复记录。

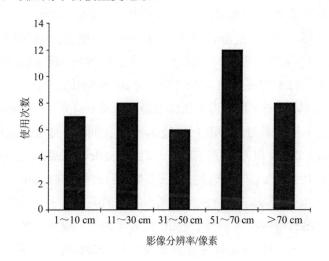

图 3-1　不同地面采样间隔的应用

在图 3-1 中所反映的分类中，GSD 为 50～70 cm 的影像是最常用的。这主要归结为 CASI 影像（GSD 为 60 cm）的广泛使用。CASI 数据的主要优势在于它能够提供 6～14 个多光谱波段，包括红色、红边以及近红外波段，这些波段在识别植被特性方面起到非常重要的作用。此外，现有许多树冠检测与勾勒的算法都应用于成熟的针叶林（见 3.1.3 节），而 60 cm GSD 的空间分辨率是非常适用的，因为这些针叶林的树冠直径一般为 6～10 m，这样大约 10×10 个像素代表单一树冠，其树冠直径与像素尺寸比率约为 10：1。然而，对于再生林中的幼树，即使是目视解译，树冠的检测也比较困难。比如，Gougeon 等（1999）发现使用基于规则的低谷跟踪算法在 30 cm GSD 的 MEIS-II 影像上无法检测到年龄小于 5 年的树木。他们还发现在检测年龄为 20 年的针叶林中的单株立木时，60 cm GSD 的 CASI 数据过于粗糙，容易将相邻的树冠合并为单株立木，因此造成了 50%～70%的误差。Gougeon（1999）将 1 m GSD 的 IKONOS 图像进行重采样生成 50 cm 像素影像，用于勾勒树冠直径在 2.5～4 m（树冠直径对像素尺寸比约 5：1～8：1)的松柏树。更高分辨率的影像(如 30 cm GSD）可以有助于检测再生森林中的小树木，但分析这样的图像需要更多的计算时间并且在比较大的树冠内由于亮度差异经常导致错分误差。相关研究包括多尺度图像分析（Brandtberg, 1998, 1999a, 1999b）或光学平滑的方法来帮助解决问题（Pouliot et al., 2005）。影像分辨率和树冠尺寸大小之间的关系对于算法的形成以及结果的精度至关重要。Pouliot 等（2002）研究了像素大小对寿命为 6～10 年的针叶林树冠勾勒精度的影响。这项研究发现，对于其算法的应用来说，树冠直径与地面像素（即 GSD）大小之间的最佳比例为 15：1。该研究测试了一系列的比率，发现较小的比率，例如 3：1，无法提供明显的树冠边界，然而，较大的比率，例如 19：1，却包含过多的树冠内部差异。除了Pouliot（2002），很少有研究明确讨论空间分辨率与树冠尺寸大小之间的关系，以及它在各种森林条件下对树冠勾勒的影响。许多研究在应用讨论中缺乏冠幅信息,因此我们很难总结出现有研究中影像分辨率与树冠尺寸的关系。在可以获得树冠信息的研究中,最常使用的树冠直径与像素尺寸的比例在 5∶1～10∶1(Gougeon,1995a;Gougeon et al.,1999;Culvenor,2002)。

3.1.3 森林环境的类型

为达到自动森林资源清查的目标,单株立木树冠检测和勾勒的研究已被应用到不同的森林类型中,包括天然林(Bunting et al.,2006)、人工林(Pouliot et al.,2002)、果园(Kayet et al.,1998),甚至包括城市森林(Sheng,2000;Sheng et al.,2001)。虽然其中大多数研究主要是针叶林林分,但也有研究(Pollock,1996;Brandtberg,1998;Leckie et al.,1999;Bunting et al.,2006;Gougeon et al.,2006)区域包含混交林。少部分研究考虑落叶林,例如,Walsworth 等(1999a,1999b)针对以白杨为优势树种的林分,Korpela 等(2006)针对桦树林,Warner 等(1999)针对白杨林,以及 Ke 等(2007)针对枫树林分别开展了研究。现有大多数研究集中在针叶林,这主要归结为两个原因。首先,许多研究都是在高纬度地区进行的,在高纬度地区的主要森林资源为针叶林。例如,Gougeon 等(2003)以及 Pouliot 等(2002,2005)主要研究加拿大森林,Brandtberg(1998,1999a,1999b)主要研究瑞典森林。图 3-2 显示,大多数已有的研究都是在北美和欧洲北纬地区(北纬 35°以北)进行的。只有两个研究(不含相同应用的重复记录)位于澳大利亚森林(南纬 25°以南),并且没有任何研究针对热带森林展开。其次,许多方法都基于这样一个假设:树冠为圆锥形,这使得它们在二维影像中呈现圆形,对于整个树冠区域,最强的反射率出现在树顶。这种反射率空间分布模式的特点被大量应用于树冠检测与勾勒算法中。与此不同的是，常见落叶树的树冠呈不规则形状，这使得树冠的反射率模式更加难以识别。例如，成熟的糖枫树冠幅可能大于 12 m（Lassoie et al.，1996），其不规则的非锥形形状会造成其在高空间分辨率影像中树冠内部产生巨大的亮度差异。这些亮度差异会导致错分误差，即在一个树冠上会错误地识别出多个树顶（Ke et al.，2007）。Warner 等（1999）引入纹理分析来改善东部落叶林树冠边界勾勒方法，但却没有公布定量结果。Ke 等（2008）采用分水岭算法提取枫树林分中的树冠，其结果精度仅为 30%~40%。

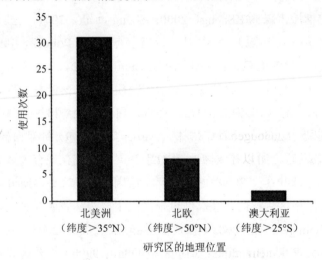

图 3-2　文献报道中研究所处地理位置

许多研究报告指出，在同龄的、分布间隔均匀的纯树种林分中，无论使用什么算法，树冠检测与勾勒的精度都是最高的（Pouliot et al.，2005；Gougeon et al.，2006）。这主要是因为，具有相似年龄和物种的树木更可能具有均一高度、树冠尺寸和树冠形状，因而在同一影像中也会具有相似的反射率模式，这对于任何影像分析技术来说都是一个非常有利的因素。然而，只有人工种植林才会出现这样的森林环境。对于自然生长林的研究，使用现有的许多方法，我们都不能期望得到和人工种植林同等的结果。

3.2 影像预处理与增强

树冠检测与勾勒中影像预处理的目的与大多数遥感应用类似。主要包括去除由于数据采集问题导致的影像噪声，以及增强检测目标（即树冠）与背景（即阴影区域）之间的差异。预处理的另一个目的就是为了屏蔽有云层覆盖的区域或与研究内容无关的区域（非林地）。

对于多光谱影像数据来说，预处理也包括选择和获取最合适的影像波段（Gougeon et al.，2003）。由于近红外波段对植物类型差异最敏感，所以在树冠检测和勾勒中通常使用近红外波段。Quackenbush 等（2000）发现使用近红外波段与红色波段的平均值，以及这两个波段总和的平方根与单独使用近红外波段相比，在结果上并无显著差别。对于真彩色影像的应用，通常会选择绿色波段（Pitkänen，2001；Gougeon et al.，2003）。对于高光谱分辨率影像来说，图像变换技术被用于获取最具有相关性的波段。Wang 等（2004）对 CASI 数据的八个波段进行了主成分分析，并分析了包含大部分信息的第一主成分的影像。Bunting 等（2006）发现，使用红边波段与红色波段之间的比率或红色边缘不同波段之间的比率，能更好地检测树顶并提取更清晰的边界。Pouliot 等（2002）指出近红外波段与红色波段之间的差值绝对值有助于降低超高分辨率影像（5cm）中土壤和树冠中非树顶像素的光谱反射率。Brandtberg（1999a）将具有三个波段真彩色的影像转换到 IHS（Intensity，Hue，Saturation）色彩空间来抑制非森林区域的影响。

地形也会对树冠勾勒带来一定的挑战。在不同地形区域上获取的影像需要进行正射校正，这样树顶的位置才能与地面测量值相当（Uuttera et al.，1998）。和地形影响一样，遥感影像也会受到辐射畸变的影响。由同一传感器对同一目标测得的辐射亮度也会因为现场照明、大气条件和观测角度等因素的变化而不同。这些因素的影响依赖于传感器平台。例如，在航空影像中更易发生视图几何变化，而大部分卫星影像主要受大气影响。Leckie 等（1995）提出了一个经验方法，通过对整个影像辐射亮度差异建模来纠正双向反射效应。该方法后来在 Gougeon 和 Leckie 的研究中得到了广泛的应用（Leckie et al.，2003a，2004；Gougeon et al.，2006）。当处理平坦地形或面积较小的研究区域时，我们通常不需要进行地形校正。

在几何校正与辐射校正之后通常会进行影像平滑来减轻由传感器系统导致的影像噪声。Gougeon（1995a，1995b）采用 3×3 均值滤波方法来平滑 MEIS 影像。Pouliot 等（2002，2005）和 Wang 等（2004）运用高斯平滑滤波方法，这种方法与均值滤波相比能更好地保留边缘特性。对于超高空间分辨率影像来说，影像平滑也可以减少同一树冠中由小树枝和其阴影引起的噪声。Brandtberg（1998，1999a）通过使用各向同性高斯核函数来减少不必要的细节并保留树冠特性，这种方法针对不同大小的树冠使用不同大小的各向同性核函数。然而，对于粗分辨率影像来说，影像平滑会使树冠区域和背景之间的边缘更模糊。

大量研究发现，像素的大小对树冠检测与勾勒具有直接影响。因此，许多研究对影像进行重采样以获得比较适宜的像素尺寸。例如，Gougeon 等（2006）发现，GSD 为 1 m 的 IKONOS 全色波段影像用于树冠检测与勾勒过于粗糙，因此采用立方卷积算法对其进行重采样来生成 50cm 像素的影像。这种算法会改变影像的像元强度值，同时能够增强树冠与阴影之间的差异。但作者提出影像像元强度值本身对于树冠检测与勾勒来说并不是感兴趣的特征，而像元强度的差异则更加重要。在另外一些研究中，为方便处理，超高空间分辨率影像也会重采样到更大的像素尺寸。例如，Brandtberg（1998，1999a）采用双线性内插方法将 GSD 为 7.5 cm 的影像重采样生成 10 cm 像素的影像。

在所有的研究中，树冠检测与勾勒之前要先从影像中提取出森林区域，这样才能保证算法仅仅应用于只有树冠及其阴影覆盖的区域。此外，非森林区域，如土壤、灌木和草本植物，通常表现为亮色调，因此可能会被错误地检测为树冠。所以，生成森林掩膜通常是预处理中一个至关重要的步骤。将森林与非森林区域分开最常见的方法是在单波段影像中（例如近红外波段）或经过转换的 IHS 影像中设置阈值。然而，这种方法通常不能将非森林类型的植被与森林分开。作为一种代替算法，一般使用监督分类的最大似然比算法（Pouliot et al., 2005）或非监督分类的 ISODATA 算法（Pouliot et al., 2005）将森林和非森林区域分开。Ke 等（2007）在 QuickBird 多光谱影像中采用基于规则的面向对象分类算法提取森林区域并获得了较高的精度。

3.3 树冠检测与勾勒算法

3.3.1 背景

在过去的 20 年里，已经提出了大量的树冠检测与勾勒算法。算法特性的不同能够在很大程度上影响树冠勾勒的结果，因此，对于具体的应用，它也能够影响诸如树木数量、森林密度和树种组成等参数的估算。即使在相同的环境下，不同的方法也会产生不同的结果。因此，选择适宜的算法有着非常重要的意义。

本书所讨论的算法根据其目的大体上可以概括为两类：树冠检测算法和树冠勾勒算法。Gougeon 等（2003）认为一些研究仅提供了冠幅信息却没有提供树冠边界轮廓信息，因此，他们把树冠检测与冠幅参数化的结合看做是一个单独的类别。然而，在已有文献中，这些类别通常交织在一起。虽然有些研究只涉及树冠检测（Pouliot et al.，2005），但许多研究还是将树冠检测与勾勒结合在一起，这是因为在树冠勾勒前需要先进行树冠检测（Sheng et al.，2001；Culvenor，2002；Wang et al.，2004）。有些研究甚至将树冠检测等同于树冠勾勒，也就是说一旦树冠被勾勒出来，单株立木也就被检测出来（Gougeon，1995a）。本书中，我们将树冠检测定义为识别树顶和定位树冠的过程，把树冠勾勒定义为自动勾勒出树冠轮廓的过程。从这个观点来看，树冠检测本身不仅是一个要达到的目标，而且还是树冠勾勒和冠幅测定之前必要的预处理步骤。

中等或高密度森林地区在高空间分辨率影像的三维视图中

遥感技术在自动化森林资源清查中的应用研究

通常被描述为具有类似于山峰的空间结构。尤其是对于具有锥形结构的树木来说，影像中的亮度峰值对应着树顶，因为树顶能接收到更高的太阳照明度。反射率向树冠边界逐渐降低，亮度较高的区域周围较暗的像素对应着阴影区域，这些阴影区域来自相邻树冠的遮挡或来自双向反射效应的影响。因此，树冠检测的问题就转化为在影像中寻找亮度峰值的问题，即在周围像元中寻找具有最大亮度值的像元；树冠边界勾勒问题就转化为亮度较暗的低谷勾勒问题。本书中，我们将分节总结树冠检测与树冠勾勒方法。我们将已有文献中有关树冠检测的方法分为四类：局部最大值滤波法、影像二值法、尺度分析法和模板匹配法。其中应用最多的是第一种方法。树冠勾勒大致可分为三类——低谷跟踪算法、区域生长算法和分水岭算法。在这些算法中，低谷跟踪算法引用最多。表 3-1 和表 3-2 分别总结了树冠检测与勾勒的应用。

表 3-1　树冠检测算法与应用实例总结

算法	应用		
	实例	影像	森林条件
局部最大值滤波法（LMF）	Wulder et al.，2000	MEIS-II 影像，GSD 为 1 m	树龄为 40 年的花旗松人工林，以及树龄为 150 年的花旗松自然再生林分
	Culvenor，2002	数字多光谱摄影图像，GSD 为 1 m	树龄为 80 年的等树龄花楸林
	Wang et al.，2004	CASI 影像，GSD 为 60 cm	80 年树龄的白云杉人工林，混交少量花旗松
	Pouliot et al.，2002	由柯达 CIR 数字相机拍摄的多光谱影像，GSD 为 5 cm	树龄为 6～10 年的白云杉人工林

算法	应用		
	实例	影像	森林条件
影像二值法	Walsworth et al., 1998, 1999	数字化航空相片，像元大小为 47 cm	山杨为优势树种，平均树龄为 79 年的森林
	Pitkanen, 2001	由美能达 RD-175 相机拍摄的真彩色航空影像，像元大小为 50 cm	根据林分密度以及优势树种（如苏格兰松、桦树和云杉）的不同，选择 8 个林分测试算法性能
尺度分析法	Culvenor, 2000	具有不同的空间分辨率的模拟遥感影像	具有不同森林结构的模拟针叶林林分
	Pouliot et al., 2005	针对三个研究区域的三幅影像：Kodak DCS 460 数码相机获取的影像，GSD 为 5 cm；由 DuncanTech MS3100 CIR 数字影像，GSD 为 6 cm；数字化航空相片，GSD 为 15 cm	三个研究区域：6 年树龄的黑云杉人工林；采伐地幼龄林（平均树龄为 6 年），云杉和加拿大短叶松混交林；成熟采伐林（平均树龄为 15 年），白云杉为优势树种
	Brandtberg, 1998a, 1998b, 1999	数字化航空相片，像元大小为 10 cm	80 年树龄的苏格兰松和挪威云杉自然再生混交林
模板匹配法	Pouock, 1999	两个研究影像分别为：MEIS-II 影像，GSD 为 0.36m；CASI 影像，GSD 为 0.6m	两个研究区：针叶林与阔叶林的混交林；针叶林，其树冠大小不一
	Larsen, 1997	航空影像，GSD 为 0.15 m	同龄的挪威杉林分，平均属高危 22.7m
	Quackenbush et al., 2000	数字航空影像，GSD 为 0.6 m	针叶林分

表 3-2　树冠边缘勾勒算法与应用实例总结

算法	应用		
	实例	影像	森林条件
低谷跟踪算法	Gougeon，1995a	MEIS-II 影像，GSD 为 31 cm	成熟人工针叶林，划分为几个林班，每个林班内部的树种单一，比如赤松、红果云杉等
	Gougeon，1998	CASI 影像，GSD 为 60 cm	49 年树龄的花旗松人工林
	Leckie et al.，2003	CASI 影像，GSD 为 60 cm	1979 和 1980 年种植的单一针树种针叶林
	Gougeon et al.，2006	IKONOS 影像，重采样至 50 cm 空间分辨率	成熟针叶林人工林，平均树龄为 65～80 年，树种包括赤松、苏格兰松、白云杉等
区域生长算法	Culvenor，2002	数字多光谱影像，GSD 为 1 m	60 年树龄的花楸林
	Bunting et al.，2006	CASI 影像，GSD 为 1 m	成熟林分，由苹果树、银叶铁桉树、异叶瓶树混交而成
	Pouliot et al.，2002	由 Kodak CIR 460 数字摄像机拍摄的 GSD 为 5 cm 的航空影像	1994 年建立的人工针叶林；黑云杉和加拿大短叶松间隔为 1 m
分水岭算法	Erikson，2003	数字化航空相片，像元大小为 10 cm	树龄为 80 年的纯树种针叶林分以及苏格兰松、挪威云杉、桦树以及山杨树混交的林分
	Wang et al.，2004	CASI 影像，GSD 为 60 cm	树龄为 80 年的云杉人工林，混交少量花旗松
	Lamer，2005	数字化航空相片，像元大小为 10 cm	加拿大铁杉林分，混交少量阔叶木

3.3.2 树冠检测算法

（1）局部最大值滤波法

局部最大值滤波法（LMF）是在前面提到的类似山峰的空间结构假设的基础上提出来的，这种空间结构是森林影像中的典型特征。一旦检测出局部最大亮度值，树顶也就被检测出来了。在早期研究中，"局部"是由具有固定大小的移动窗口来界定的（Gougeon et al.，1988；Dralle et al.，1996）。用这个窗口来遍历整幅图像，如果窗口内中心像元亮度值最高，那么它的位置就可以被确定为树木所在的位置。窗口的大小（例如 3×3，5×5 或7×7）根据影像分辨率和树冠尺寸之间的关系由用户自己确定。固定窗口 LMF 方法对于成像视角为近天底角，并且对于树冠大小均匀的森林影像来说效果很好。然而，对于树冠尺寸大小不一的森林来说，窗口过大会导致遗漏误差，一些较小的树冠将检测不到，而窗口较小又会导致错分误差加大，因为较大的树冠会被多次计数。正因为如此，我们有必要使用与被检测树冠面积相称的动态大小的窗口来检测局部最大值。

Wulder 等（2000）采用半方差技术来确定每个树冠的窗口大小。在数字影像分析中，半方差能够衡量像元与其相邻像元组成的样带上其他像元之间的相关程度。对于森林地区的影像，Wulder 等（2000）假设树冠中心像素的半方差在接近树冠边界时就不再增长。通过计算每个像元周围八个方向上的半方差，通过半方差曲线的变程值来确定窗口大小。在每个像元的探测窗口中，LMF 用来检测树顶。研究发现基于动态窗口大小的 LMF 精度通常高于固定窗口大小的 LMF 精度（Wulder et al.，2000）。

Culvenor（2002）提出了一个不需要设定窗口大小的背景分

析（contextual analysis）方法。为定位树顶位置，此分析方法根据树冠起伏的特性设定如下搜索规则：①中心像元要具有最高亮度值；②在四个方向中（横向的、纵向的和对角线方向），中心像元两边的像元亮度值均要低于中心像元；③当至少有一个方向的相邻像元值开始增大时，搜索就会停止。基于这些规则的中心像元的频数为 1～4 的数字，因此用户需要界定频数的阈值。Culvenor（2002）采用这种单株立木计数估算方法已获得了很高的精度（超过 80%）。然而，由于这个阈值参数针对整幅影像来说是全局参数，所以这种方法可能并不适合那些更复杂的、自然生长的森林。

现已提出许多方法改进原有的基于固定窗口的 LMF 算法以提高其树冠检测性能。一些研究包括对于基于固定窗口的 LMF 结果的后处理。Wang 等（2004）发现在垂直影像中，针叶林树冠呈圆形形状，树顶不仅是辐射峰值，也是圆形树冠的几何的中心。因此，Wang 等（2004）利用测地距离变换得到的影像（geodesic image），采用距离最大值检测来修正 3×3 窗口的 LMF 结果最大值。只有既是辐射亮度最大值又是空间上定义的最大值的像元才被认为是树顶。Lamar 等（2005）采用了类似的方法，但是采用欧氏距离图来寻找局部最大值。Pouliot 等（2002）首先利用一个比平均树冠冠幅小的固定大小的窗口进行 LMF，随后通过创建一个圆形的参考窗口并且在此窗口中寻找最大值来完善 LMF 结果。完善 LMF 方法的基本目标是减少由过小窗口导致的错分误差，同时保留那些被正确检测的像元。

（2）影像二值法

影像二值法旨在将一幅灰度级影像转换为黑白影像，其中白色像元代表感兴趣的对象，黑色像元代表背景。与树冠周围的阴影区域相比，树冠亮度之间的差异可用于从黑暗的背景中分离出树冠区域。Dralle 等（1996）分析了影像直方图并将直方图众数作为一个阈值；亮度值比众数高的像元被算作单木树冠。Walsworth 等（1999a，1999b）应用 3×3 高通卷积滤波（中心像元赋值为+8，周围像元赋值为–1）将树冠和阴影分开，由此产生的影像中那些滤波值为正值的像元被确定为代表树顶的像元。

应当指出的是，树冠与背景之间的亮度对比在影像中会有所差异，因此单一阈值可能无法在整幅图像上都有较好的性能。此外，由于视角和照度角不同，同样一个全局阈值在不同影像中的性能往往是不同的。Pitkänen（2001）运用和比较了四种局部自适应二值化方法，包括众数阈值法、Otsu（1979）方法、Niblack（1986）方法以及改进的集成函数算法（integrated function algorithm）。从二值化过程中获得的明亮区域被看做是单木树冠，通过在单木树冠区域中检测局部最大值来确定树顶位置。Pitkänen（2001）将这四种方法分别运用于八个具有不同树种组成和不同密度的森林林分并进行检验。在茂密的森林林分中，采用这四种局部自适应二值法进行树冠检测，与固定窗口局部最大值法相比较没有明显的差异。然而，在疏林地由于树木分布更稀疏，局部自适应二值法检测到的非树冠最大值比局部最大值法要少，这是因为它能更有效地消除影像中的背景。

（3）尺度分析法

在许多研究中，尺度是影响树冠检测精度的一个至关重要的因素。在许多林地中，树冠大小不是均一的，而影像分辨率是固定不变的，在这些影像中我们很难同时检测到所有树冠——相对于影像分辨率来说较小的树冠可能检测不到，而较大的树冠也可能被识别为多棵树木。尺度问题是许多方法共同的难题，我们可以利用尺度分析来改善树冠检测的结果。然而，我们也可以在树冠定位时直接利用尺度分析。尺度分析方法通常会涉及影像平滑，尤其是当树冠尺寸与地面像元尺寸相对较大的时候。Brandtberg（1998）采用多尺度影像表示法（Lindeberg，1996），并利用一系列尺度参数上的高斯滤波算子与原始影像进行卷积。研究证实这种方法能够获得与目视解译同等的精度。然而，与地面参考数据的对比表明，这个方法不能将那些彼此间隔很近的树木区分开。Pinz（1999b）采用不同尺度的平均核函数对 GSD 为 10 cm 的影像进行平滑，并生成了一系列不同尺度的影像。在这些影像中分别进行局部最大值检测，将局部最大值进行组合成为树冠顶点的备选。Culvenor（2000）通过建立局部最大值的数量与平滑因子之间的关系来确定最佳平滑因子。Pinz（1999b）和 Culvenor（2000）的研究在整幅图像中都采用了平滑因子。这些全局尺度方法并未将树冠尺寸纳入考虑范围，因此，对于树冠大小不一的森林林分，单株立木树冠检测的结果精度可能较低。Pouliot 和 King（2005）提出了一个局部平滑因子（LSF）方法来解决这个问题。研究证明这种方法能够捕捉局部尺度，并能够检测具有不同尺寸和不同间隔距离的树冠。

（4）模板匹配法

模板匹配法是一个用于目标识别的影像处理技术。它通过搜索影像中不同区域和感兴趣目标的模型（又称模板）之间匹配的位置（Gonzalez et al.，2007）。我们假设感兴趣目标位于匹配度达到最大值的位置。

构造检测对象模板最简单的方法就是从原始影像中获取感兴趣对象的代表。Quackenbush 等（2000）通过从影像中手工选择出代表不同冠幅的树冠而建立了一系列用于航空影像分析的模板。对于这些树冠，他们使用影像中能覆盖每棵树木的窗口中的强度值作为模板。Stiteler 等（2000）应用遗传算法来选择树冠模板。对于两种模板生成方法，随着模板遍历整幅影像，对于每个像元，计算模板与影像之间的统计相关性；高相关值对应于树的位置。Pollock（1996，1999）通过考虑单株立木的几何特性和辐射特性构造了通用影像模板的模拟方法。该模板的构建考虑了对单木树冠包括形状的三维描述、传感器几何特征、太阳辐照度，以及现场辐照度、树冠和传感器辐照度之间的交互作用（Pollock，1999）。此方法没有受到树冠为圆形这个假设的限制，而这个假设仅仅适合那些影像视角近乎垂直的影像；并且该方法能够模拟树冠形状呈三角形的情形，这种现象在相片周围边缘很常见。该方法也可以不必手工选择模板样例，并且有助于树冠的全自动检测。Larsen（1997，1999a）扩展了 Pollock 的模型，将地表平面加入到模板中模拟地表背景特征，例如树冠阴影部分的反射率。Larsen（1999b，1999c）通过使正确检测到的树冠数量最大化而构建了一个模板选择的优化方法。

上述方法是基于单张影像的模板匹配，它只能提供森林的二维视图。将一组不同视角的航空影像叠加在一起能够获得森林的立体视图，从而有利于构建三维树冠。Korpela（2000）使用一个三维的搜索空间在多视角影像中进行模板匹配，并确定树顶的三维位置。Sheng 等（2001）应用 Pollock 的三维树冠描述模型来预测三幅不同视角叠加影像中树冠的视差。该研究能够将预测到的视差整合到一个立体模板匹配算法中来估算其研究影像中每个树冠的三维坐标。Sheng 等（2001）通过构造的树冠中生成树高及树冠半径等参数，所获得的精度总体超过 90%。

3.3.3 树冠勾勒算法

（1）低谷跟踪算法

低谷跟踪算法最初是由 Gougeon（1995a）提出来的，他在 GSD 为 30 cm 的 MEIS-II 影像上对加拿大一个成熟的针叶林林分中的树木进行自动勾勒。成熟林分的特点是密度适中，并且相邻树木之间由于树种内部和树种之间的竞争存在明显的阴影间隙。根据三维影像视图（X、Y 轴为图像坐标，Z 轴为像元反射率），Gougeon（1995a）认为树冠的反射率三维影像视图的形状类似于山峰，而树冠之间的阴影及间隙可以由围绕树冠的反射率低谷来代表。Gougeon 的算法并没有搜寻局部最大值作为树顶，而是将局部最小值作为谷地。通过搜寻相邻像元来跟踪谷地，这些相邻像元比谷地具有更高的亮度值。谷地分离通常不能将集群树木完全分开，这是因为有些树枝延伸到相邻树冠中干扰谷地跟踪。为进行跟踪谷地识别，Gougeon（1995a）采用了一个基于规则的五级步骤来完成树冠勾勒。较低层的规则利用树冠的凸形形状，通过顺时针连续跟踪树冠边界；较高层次的规则考虑一些例外情况，例如树枝延伸出来造成树冠边界产生凹形形状，或者将两个树冠分离。在开放的林分中，Gougeon（1995a）屏蔽了非阴影背景。

由 Gougeon（1995a）提出来的低谷跟踪算法已被发展为一个软件包——单木树冠提取软件（Individual Tree Crown，ITC）——它能够在 PCI 影像分析系统环境下运行。现有研究已经报道了算法的许多应用，并且讨论了该方法的优势与不足（Gougeon et al.，2003；Leckie et al.，2003b，2005）。大部分早期应用使用 GSD 为 30～60 cm 的航空影像对成熟针叶林林分进行树冠检测与勾勒，然而，近些年许多研究（Gougeon et al.，2006）在探索使用 GSD 为 1 m 的 IKONOS 卫星全色波段影像。所获得的树冠还可用于单株立木树种的分类（Gougeon，1995b；Leckie et al.，2003a，2005）。研究发现，这一算法对于具有相同树种的同龄林分效果很好，分类结果也很理想（Leckie et al.，2003b，2005）。然而，这个算法也具有一定的局限性，林分中树冠尺寸的差异会产生一些问题，这主要归结为在比较大的树冠或内部存在阴影的树冠里会有光照差异（Gougeon，1999）。间隔很近的幼树和小树冠上也会产生很大的遗漏误差。

（2）区域生长算法

区域生长算法是一个影像分割方法，用于将相邻区域分开进而进行对象识别。从特定的种子像元开始，该算法不断检查与其相邻的像元，如果它们的光谱值和种子像元足够相似，就将这些像元加入到种子像元的生长区域。当找到显著的边界时，就将这些像元合并到种子点像元所在的区域中。在这个方法中，为了避免将背景包括进生长区域或是目标对象本身被分割，用户需要提供种子点以及区域停止生长的条件。在计算机视觉中，区域生长算法已经广泛应用于特征提取（Gonzalez et al.，2007）。

对于树冠边缘的勾勒，可以将代表树顶或树冠位置的像元作为种子点，用树冠与背景之间的差异来确定种子生长的条件。在 Culvenor（2002）的研究中，用局部最大值来确定种子点的位置。Culvenor（2002）建立了三个条件来界定树冠区域：①树冠像元不能低于一个阈值，此阈值为图像中局部灰度最大像元的亮度平均值与 0 和 1 之间一个比率的乘积；②树冠像元不能超出局部最小值网络之外；③任意两个区域不能重叠。同样，在 Bunting 等（2006）的研究中，树冠区域从局部最大值到周围像元不断扩大，直到像元与局部最大值的差值超过提前设定的阈值。这个阈值是由目视检测的树冠像元值和相邻的背景来决定的。Pouliot 等（2002）提取树顶周围的样带，用一个四阶多项式来拟合处于样带内部的像元值，当样带中像元值的变化比率值达到最大时停止区域生长。在样带影像中最大的变化比率也用来界定树冠边缘。Erikson 等（2005）在种子点区域生长算法中引入了布朗运动用于勾勒树冠。

非树顶像元也可以作为种子点。在 Pouliot 等（2005）的研究中，影像中的每个像元都可以作为种子点。对于每个像元建立向上的梯度。在 3×3 窗口的 LMF 中，如果遇到局部最大值像元，种子像元就被列入相应局部最大值像元所在的区域中。在 Erikson（2003）的研究中，利用对树冠区域和背景设置阈值得到的二进制影像生成一幅距离影像，然后将距离影像中的局部最大值像元作为种子点。Erikson（2003）使用模糊规则来计算影像中每个像元的隶属值，因此确定区域的边界。

（3）分水岭分割算法

分水岭分割算法与其他算法一样，也将一幅灰度影像看做是地形表面图，其中每个像元的数字值都可以看做是此点的高程。在分水岭分割算法中，可以将影像灰度倒过来看，这样局部最大值就成为了局部最小值，反之亦然。如果地形表面从最低值点开始淹没，为防止邻近集水区合并导致水位上升，可以在分水线上建造一个水坝。分水线就可以看做是每个分割部分（或是集水盆地）的边界（Gonzalez et al.，2007）。为了避免由于影像噪声带来的过度分割问题，Meyer 等（1990）引入了标记分水岭分割法。Wang 等（2004）在 GSD 为 60 cm 的 CASI 影像中对成熟白云杉树冠进行勾勒时采用了此方法。首先使用拉普拉斯高斯边缘检测算子提取树冠对象，然后创建树冠对象的二值影像图，这个二值影像图中，背景像元亮度值为 0，树冠像元亮度值为 1。然而，这个方法中也包括了集群树木的树冠，集群中相邻的树木彼此靠近，不易分离。Wang 等（2004）使用分水岭分割算法来提取目标并分离树冠。他们在每一个树冠内检测到的树顶做一个标记（见 3.2 节），然后对由树冠对象影像生成的测地距离影像应用标记分水岭分割算法。树冠边界被确定为影响区域之间的边缘。

同样，Lamar 等（2005）将分水岭分割算法应用到由航空相片生成的欧氏距离地图（EDM）中，在 EDM 中标记局部最小值。由于树冠内部阴影产生的小斑点也被用来改善分割精度。Lamar 等（2005）得出结论，该算法在区分树冠和背景方面能够提供一个非常理想的结果。

3.4　精度评估方法

目前已提出许多树冠检测与勾勒的算法，同时也有很多应用评估方法（Pouliot et al.，2005）。由于参考数据源以及相应的评估过程不同，因此评估方法也不尽相同。对树冠检测结果的评估主要是指被正确检测出的树冠所占树冠总数的比例，然而，对树冠勾勒结果的评估则进一步包括描述那些被勾勒出的树冠代表真实树冠的具体情况。在这一部分，我们首先将讨论当前文献中获取参考数据的方法，然后讨论树冠检测与树冠勾勒的精度评估方法。

3.4.1　参考数据

树冠自动检测与勾勒的定量化评估包括将所估计的树木位

置或是树冠边界与参考数据的对比。在文献中普遍提及两个参考数据来源：影像分析中的目视解译和实地数据的收集。在大部分研究中，许多参考数据都源于影像的目视解译，因为这种方法具有很好的实用性。在 Gougeon 的早期研究中，参考数据一般是通过两个解译员在计算机屏幕上的影像通过目视解译对树冠进行计数来获得的。研究发现，与现场数据相比，一些缺乏经验的解译员更倾向于低估树冠的数量，而经验丰富的解译员估算的树冠数量则更接近树冠的实际数量。Pollock（1999）、Brandtberg（1998，1999a）、Larsen（1999a）和 Erikson（2003）也将树冠的目视解译检测结果作为参考数据。Wang 等（2004）使用的参考数据是由三个解译员在输入影像中直观地勾勒出单木树冠获得的，将树冠平均数量作为参考树冠数量。将自动估算的树冠数量与视觉获得的树冠数量叠加到一起来获得评估精度。然而，Wang 等（2004）发现目视解译不能清楚地检测出小树木并且在分离那些因紧凑分布在一起而使集群树冠呈圆形的树木群方面也有局限性。Lamar 等（2005）也发现，对于大尺度的影像来说，由于受影像背景的影响，我们很难手工勾勒出那些形状不规则的树冠。因此，光谱分割主要用于从原始影像的地面覆盖类型中分离出植被，然后在分割后的影像上进行手工勾勒。

通过野外实地测量来收集参考数据一般认为实用性不大，主要原因是成本比较高，但是与目视解译相比它通常能提供更精确、完整的单株立木树冠信息。地面调查过程中所采集的典型信息包括树冠的位置以及南北方向和东西方向的冠幅（Pitkänen 2001；Pouliot et al.，2002，2005；Leckie et al.，2003b；Bunting et al.，2006）。Leckie 等（2003b）在记录树冠位置的同时也记录了物种、高度、胸径和研究区域内每棵树木分别在两个方向的冠幅。他们手工标出树冠的轮廓，然后将绘出的轮廓转移到影像上作为多边形。Leckie 等（2003b）将这些多边形作为与地面参考用于与自动勾勒出的树冠进行比较。

3.4.2 评估精度

对于单木树冠的检测，精度评估方法包括样方水平的评估和单株立木水平的评估（Lamar et al.，2005）。样方尺度评估（Plot-level Assessment，PLA）能够反映出被正确检测出的树冠的总体比例。这是通过对比被检出的树冠的总数（d）和参考数量（n）[式（3.1）]计算得来的，并且已得到广泛使用（Gougeon，1995a；Gougeon et al.，1999；Wang et al.，2004；Gougeon et al.，2006）。然而，样方水平的评估方法不能够提供树冠位置精度的信息，而且已公布的精度也可能会造成误导，这是因为错分误差和遗漏误差在一个样方中会产生相互抵消的情况（Lamar et al.，2005）。

$$PLA = d / n \qquad\qquad (3.1)$$

详细的精度评估需要评价被检测出的树冠与参考树冠之间的对应关系。Pouliot 等（2002，2005）采用精度指数（AI）[式（3.2）]来代表总体精度，其中 o 和 c 分别为遗漏误差和错分误差的数量，n 为参考树冠的数量。当参考树冠被检测为多个树冠或树冠被错误地检测时就会发生错分误差。当参考树冠没有被检测出来的时候就会发生遗漏误差。

$$AI\% = \frac{n - (o + c)}{n} \times 100 \qquad\qquad (3.2)$$

一些学者（Gougeon，1995a；Brandtberg，1998）为更详细地评估检测精度，提出了混淆矩阵中被检测出的树冠数量与真实树冠数量之间的比率这一概念。例如，1：0 意味着在没有参考树冠的地方检测出了树冠，1：1 意味着参考树冠与被监测出来的树冠之间一一对应，1：2 意味着两个参考树冠被检测成一个树冠。如果参考数据提供了树顶位置信息，被检测出来的树顶位置的距离误差也可以估计出来（Larsen，1999a）。Pitkänen（2001）和 Pouliot 等（2005）认为只要被检测出的树顶在参考位置一定的距离范围之内，就可以看做是精确的检测。

对于树冠勾勒，完整的评估不仅包括检测精度的评估，还包括如何将勾勒出的树冠与参考树冠更好地匹配。Pouliot 等（2002）对间距适中的林分，通过将勾勒出的树冠冠幅与地面测量的树冠冠幅进行比较来分析树冠勾勒的精度。然而，如果是由于在视角较大的影像中减小位移而导致勾勒出的树冠呈三角形，或者传感器影像中树冠有一定的模糊，这些对比结果往往就不可靠。Leckie 等（2004）将实地测量的参考树冠与勾勒出来的树冠之间的匹配分为 20 个类别，这 20 个类别从两视角来阐述树冠勾勒的精度——实地测量手工勾勒的参考树冠的视角（又称"gred"视角）和算法自动勾勒树冠的视角（又称"isol"视角）。前者代表算法将地面参考树冠分离的情况，后者勾勒出的树冠代表地面参考树冠的情况。这个匹配不仅要考虑树冠位置的一致性，还包括树冠面积的匹配。例如，手工勾勒视角中 1：n（一个参考树冠，多个小树冠）代表一个地面参考树冠被 n 个算法勾勒出的树冠所占据，在这些算法勾勒的树冠中有一个树冠的面积大于参考树冠面积的 50%，其他树冠只占有 20%的区域；自动勾勒树冠视角中 n：1（多个参考树冠，一个勾勒树冠）意味着多个参考树冠占据了一个勾勒树冠，但是仅有一个参考树冠面积大于勾勒区域面积的 50%，其他参考树冠占据的面积没有超过勾勒树冠面积 20%的。

Lamar 等（2005）将面向像元的分类评估中的生产者精度与用户精度引入到面向对象的分割（即树冠勾勒）评估中。当 1：1 的对应关系定义为重叠区域大于参考树冠与勾勒树冠尺寸的 50%时，用户精度被定义为勾勒树冠的总数中一对应关系的比例，生产者精度被定为参考树冠总数中一一对应关系的比例。Wang 等（2004）通过将勾勒树冠（非树木区域）的像元数目与参考树冠（非树木区域）像元的真实数目对比，提出了面向像元的精度评估方法。然而，这种聚合评估不能代表针对树冠的错分误差和遗漏误差。

3.5　结论

从遥感影像中自动检测与勾勒树冠已得到林业界和计算机界的广泛关注。它为影像分析提供了一个有意义的研究题目，这是因为从复杂的森林状况中提取出树冠不是一项简单的任务，更重要的是，这些研究使我们能够估算出一些重要的参数，例如林分密度，物种组成，健康状况分析以及树冠郁闭度，并有助于提高森林管理的效率。

本章综述了一系列基于亚米级航空影像或卫星影像进行树冠检测与勾勒的研究，并且讨论了这些算法是如何依赖输入影像和所研究森林状况的。在第 3.3 节中表 3-1 和表 3-2 分别列出了树冠检测与勾勒算法，以及已有文献中的典型例子。

本章通过对现有树冠检测与勾勒的算法分析总结表明，尽管各个算法本身有所不同，它们也具有一些共性：

（1）树冠检测与勾勒算法通常基于一个共同的假设，即在高分辨率遥感影像中，森林表现出来的反射率特性具有以下空间模式：树冠部分的像元值亮度较高，且分布呈山形，而树冠之间的间隙由于阴影的影响亮度值低。该假设会导致一些算法的共同局限，例如，当树冠内部反射率差异较大时，算法往往不准确；如果森林中背景亮度较高并且很难消除或是如果树冠相距太近或相邻树冠发生重叠，也会产生一些问题。

（2）影像分辨率和树冠尺寸之间的关系对于算法选择和勾勒结果精度来说至关重要。虽然有些研究已经提出了这个问题，但在现有研究中我们仍然很难广泛地总结出影像分辨率与树冠尺寸之间的关系，这是因为在现有研究中，一般来说树冠尺寸的信息鲜有提及。

（3）即使算法所使用的影像和研究区域具有一定的差异，但其共性是，与不均匀的林分相比，间隔均匀的、同龄的、树冠尺寸均匀的森林通常能够获得更精确的树冠检测与勾勒结果。

（4）已有的大部分算法利用全色波段数据：多光谱波段的组合应用于树冠检测与勾勒的方法还未成熟。

基于本章文献综述中对不同算法应用，我们还可以总结出一些关于算法应用类型的结论：

（1）大部分算法已应用到垂直航空影像，这些算法在入射天底角较大的影像应用中还具有一定的局限；

（2）大部分研究主要应用航空影像，很少有研究利用高分辨率卫星影像；

（3）落叶树的树冠检测与勾勒算法；

（4）本章所总结的研究均采用不同的精度评估方法来估算树冠勾勒结果的质量，目前还没有标准的树冠检测与勾勒精度评估框架。

由于以上综述的算法是针对具体森林条件提出来的，使用不同影像类型，采用不同精度评估方法进行结果评价，因此仅仅基于这些文献报道，我们很难比较这些算法的性能。针对算法比较的研究非常有限，并且这些研究仅针对某些树冠检测或者某些树冠勾勒的算法进行比较研究。比如，Erikson 等（2005）对比了三种树冠检测与勾勒算法 GSD 为 0.15 m 左右的航空影像中的应用。Ke 等（2008）对比了三种树冠勾勒算法应用于三组影像中的结果，其中包括垂直航空影像和入射天底角较大的卫星影像，并提出了一个精度评估框架。这些算法的最终目的都是要增加我们对现有算法的理解，并且考虑如何将一个算法应用于一个特定的应用实例中。

　　在今后的树冠检测与勾勒算法的研究中，我们需要开发适合不同影像类型与不同森林状况的算法。该算法可以将现有算法对于树冠检测与勾勒的优势进行结合，充分利用树冠反射率模式、树冠大小、形状以及颜色特征，并且利用林业专家的知识来勾勒不同尺寸不同密度的树冠。随着 LIDAR 数据越来越多的应用，我们预期高空间分辨率光学影像与 LIDAR 数据提供的垂直结构的整合将会促使更多的研究专门针对此开发出专有算法来提取单株立木树冠信息。近些年，甚高空间分辨率的立体光学影像也受到了人们越来越多的关注。由立体影像生成的数字表面模型在估算单株立木树冠信息方面也具有很大的潜力（Hirschmugl et al.，2007）。未来的研究也包括从勾勒树冠中精确估算森林资源清查参数，例如单株立木材积估算、物种组成以及单株立木的健康信息提取，来改进森林资源自动清查与分析。由于所选精度评估方法各不相同，在本章综述范围内不能得出在树冠勾勒中哪种影像分辨率最好的结论。在统一精度评估框架下评估针对不同树冠大小的最佳影像分辨率是很有必要的，它能为最佳影像的选择提供指导。

参考文献

[1] Anger C D, Mah S, Babey S K. 1994. Technological Enhancements to the Compact Airborne Spectrographic Imager (CASI). *Proceedings of the 1st International Airborne Remote Sensing Conference and Exhibition*, 11-15 September 1994, *Strasbourg, France* (*Ann Arbor, MI: ERIM International, Inc.*), 205-213.

[2] Brandtberg T. 1999a. An algorithm for Delineation of Individual Tree Crown in High Spatial Resolution Aerial Imagers using Curved Edge Segments at Multiple Scales. *Proceedings of the International Forum on Automated Interpretation of High Spatial Resolution Digital Imagery for Forestry*, 10-12 February 1998, *Victoria, British Columbia, Canada, D.A. Hill and D.G. Leckie (Eds)* (*Victoria, BC: Canadian Forest Service, Pacific Forestry Centre*), 41-54.

[3] Brandtberg T. 1999b. Automatic individual tree based analysis of high spatial resolution aerial images on naturally regenerated boreal forests[J]. *Canadian Journal of Forest Research*, 29: 1464-1478.

[4] Brandtberg T, Warner T, Landenberg R, et al. 2003). Detection and analysis of individual leaf-off tree crowns in small footprint, high sampling density LIDAR data from the eastern deciduous forest in North America[J]. *Remote Sensing of Environment*, 85: 290-303.

[5] Bunting P, Lucas R M. 2006. The delineation of tree crowns in Australian mixed species forests using hyperspectral Compact Airborne Spectrographic Imager (CASI) data[J]. *Remote Sensing of Environment*, 101: 230-248.

[6] Chen Q, Baldocchi D, Gong P, et al. 2006. Isolating individual trees in a Savanna woodland using small footprint LIDAR data[J]. *Photogrammetric Engineering & Remote Sensing*, 72: 923-932.

[7] Culvenor D S. 2000. Development of a Tree Delineation Algorithm for Application to High Spatial Resolution Digital Imagery of Australian Native Forest. *PhD Dissertation, University of Melbourne, Melbourne, Australia.*

[8] Culvenor D S. 2002. TIDA: an algorithm for the delineation of tree crowns in high spatial resolution remotely sensed imagery[J]. *Computers & Geosciences*, 28: 33-44.

[9]   Davis L S，Johnson K N，Bettinger P S，et al. 2001. Forest Management - To sustain ecological Economic and Social values. Long Grove，Illinois：Wavelands Pr Inc.

[10]   Dralle K，Rudemo M. 1996. Stem number estimation by kernel smoothing of aerial photos[J]. *Canadian Journal of Forest Research*，26：1228-1236.

[11]   Erikson M. 2003. Segmentation of individual tree crowns in colour aerial photographs using region growing supported by fuzzy rules[J]. *Canadian Journal of Forest Research*，33：1557-1563.

[12]   Erikson M，Olfsson K. 2005. Comparison of three individual tree crown detection methods[J]. *Machine Vision and Applications*. 16：258-165.

[13]   Fransson J E S，Walter F，Ulander L M H. 2000. Estimation of forest parameters using CARABAS-II VHF SAR data[J]. *IEEE Transaction of Geoscience and Remote Sensing*. 38：720-727.

[14]   Gobakken T，Næsset E. 2005. Weibull and percentile models for lidar-based estimation of basal area distribution[J]. *Scandinavian Journal of Forest Research*，20：490-502.

[15]   Gonzalez R C，Woods R E. 2007. Digital Image Processing. 3rd Ed. Upper Saddle River，NJ：Pearson Prentice Hall.

[16]   Gougeon F A. 1995a. A crown-following approach to the automatic delineation of individual tree crowns in high spatial resolution aerial images[J]. *Canadian Journal of Remote Sensing Remote Sensing*，21：274-284.

[17]   Gougeon F A. 1995b. Comparison of possible multispectral classification schemes for tree crowns individually delineated on high spatial resolution MEIS Images[J]. *Canadian Journal of Remote Sensing*，21：1-9.

[18]   Gougeon F A. 1999. Automatic Individual Tree Crown Delineation using a Valley-following Algorithm and Rule-based System. *Proceedings of the International Forum on Automated Interpretation of High Spatial Resolution Digital Imagery for Forestry*，10-12 *February 1998*，*Victoria*，*British Columbia*，*Canada*，*D.A. Hill and D.G. Leckie*（*Eds*）（*Victoria*，*BC*：*Canadian Forest Service*，*Pacific Forestry Centre*），11-23.

[19]   Gougeon F A. 2000. Towards Semi-automatic Forest Inventories Using Individual Tree Crown（ITC）Recognition. *Technology Transfer Note - Forestry Research*

Applications，*Pacific Forestry Centre*，*Canadian Forest Service*，*Natural Resources Canada*，*Victoria. B.C.*，*No. 22.*

[20] Gougeon F A，Leckie D G. 1999. Forest Regeneration: Individual Tree Crown Detection Techniques for Density and Stocking Assessment. *Proceedings of the International Forum on Automated Interpretation of High Spatial Resolution Digital Imagery for Forestry*，*10-12 February 1998*，*Victoria*，*British Columbia*，*Canada*，*D.A. Hill and D.G. Leckie*（*Eds*）（*Victoria*，*BC*：*Canadian Forest Service*，*Pacific Forestry Centre*），169-178.

[21] Gougeon F A，Leckie D G. 2003. Forest information extraction from high spatial resolution images using an individual tree crown approach. *Information Report BC-X-396*，*Natural Resources Canada*，*Canadian Forest Service*，*Pacific Forestry Centre*（*Victoria*，*B.C.*：*Pacific Forestry Centre*）.

[22] Gougeon F A，Leckie D G. 2006. The individual tree crown approach applied to IKONOS images of a coniferous plantation area[J]. *Photogrammetric Engineering and Remote Sensing*，72：1287-1297.

[23] Gougeon F A，Moore T. 1988. Individual tree classification using MEIS-II imagery. *Proceedings of 1988 International Geoscience and Remote Sensing Symposium*（*IGARSS'88*），*Edinburgh*，*Scotland*，*September 13-16*，927-928.

[24] Holmgren J，Persson A. 2004. Identifying species of individual trees using airborne laser scanner[J]. *Remote Sensing of Environment*，90：415-423.

[25] Kangas A，Maltamo M. 2006. Forest Inventory: Methodology and Applications（Managing Forest Ecosystem）（Netherlands: Springer）.

[26] Kay S，Léo O，Peedell S. 1998. Computer-assisted recognition of Olive trees in digital imagery，*Space Applications Institute*，*JRC of the European Commission.* Available online at: http://agrifish.jrc.it/Documents/Olivine/COMPUTER-ASSISTED%20RECOGNITION%20OT%20OT.htm（accessed 14 July，2008）.

[27] Ke Y，Quackenbush L J. 2007. Forest species classification and tree crown delineation using QuickBird imagery. *Proceedings of 2007 ASPRS Annual Conference*，*7-11 May 2007*，*Tampa*，*FL*，CD-ROM.

[28] Ke Y，Quackenbush L J. 2008. Comparison of individual tree crown detection and delineation methods，*Proceedings of 2008 ASPRS Annual Conference*（*American Society of Photogrammetry and Remote Sensing*，*Bethesda*，*Maryland*），*April*

28-May 2, 2008, Portland, Oregon, CD-ROM.

[29]   Korpela I S. 2000. 3-D matching of tree tops using digitized panchromatic aerial photos. *Licentiate thesis, University of Helsinki, Finland,* available online at http://www.mm.helsinki.fi/users/korpela/l_thesis/lic_thesis_Ilkka_Korpela. pdf（accessed 15 August 2007）.

[30]   Korpela I S, Anttila P, Pitkänen J. 2006. The performance of a local maxima method for detecting individual tree tops in aerial photographs[J]. *International Journal of Remote Sensing,* 27: 1159-1175.

[31]   Lamar R W, McGraw J B, Warner T A. 2005. Multi-temporal censoring of a population of eastern hemlock from remotely sensed imagery using an automated segmentation and reconciliation procedure[J]. *Remote Sensing of the Environment,* 94: 133-143.

[32]   Larsen M. 1997. Crown modeling to find tree top positions in aerial photographs. *Proceedings of the 3rd International Airborne Remote Sensing Conference and Exhibition, 7-10 July 1997, Copenhagen, Denmark（Ann Arbor, MI: ERIM International, Inc.）,* 428-435.

[33]   Larsen M. 1999a. Finding an optimal match window for spruce top detection based on an optical tree model. *Proceedings of the International Forum on Automated Interpretation of High Spatial Resolution Digital Imagery for Forestry, 10-12 February 1998, Victoria, British Columbia, Canada, D.A. Hill and D.G. Leckie （Eds）（Victoria, BC: Canadian Forest Service, Pacific Forestry Centre）,* 55-63.

[34]   Larsen M. 1999b. Individual tree top position estimation by template voting. In *Proceedings of the 4th International Airborne Remote Sensing Conference and Exhibition-21st Canadian Symposium on Remote Sensing, 21-24 June 1999, Ottawa, Ontario, Canada（Ann Arbor, MI: ERIM International, Inc.）,* II-83-II-90.

[35]   Larsen M. 1999c. Jittered match windows voting for tree top positions in aerial photographs. *Proceedings of the 11th Scandinavian Conference on Image Analysis, 7-11 June 1999, Kangerlussuauq, Greenland, Vol II.* 889-894.

[36]   Lassoie J P, Luzadis V A, Grover D W. 1996. Forest Trees of the Northeast （Ithaca, NY: Cornell Cooperative Extension）.

[37] Leckie D G, Gougeon F A. 1999. An Assessment of both Visual and Automated Tree Counting and Species Identification with High Spatial Resolution Multispectral Imagery. *Proceedings of the International Forum on Automated Interpretation of High Spatial Resolution Digital Imagery for Forestry, 10-12 February 1998, Victoria, British Columbia, Canada, D.A. Hill and D.G. Leckie (Eds) (Victoria, BC: Canadian Forest Service, Pacific Forestry Centre),* 141-152.

[38] Leckie D G, Beaubien J, Gibson J R, et al. 1995. Data processing and analysis for MIFUCAM: a trial of MEIS imagery for forest inventory mapping[J]. *Canadian Journal of Remote Sensing,* 21: 337-356.

[39] Leckie D G, Burnett C, Nelson T, et al. 1999a. Forest parameter extraction through computer-based analysis of high resolution imagery. *Proceedings of the 4th International Airborne Remote Sensing Conference and Exhibition-21st Canadian Symposium on Remote Sensing, 21-24 June 1999, Ottawa, Ontario, Canada (Ann Arbor, MI: ERIM International, Inc.),* II-205-II-213.

[40] Leckie D G, Smith N, Davison D, et al. 1999b. Automated interpretation of high spatial resolution multispectral (CASI) imagery - A development project for a forest company. *Proceedings of the 4th International Airborne Remote Sensing Conference and Exhibition-21st Canadian Symposium on Remote Sensing, 21-24 June 1999, Ottawa, Ontario, Canada (Ann Arbor, MI: ERIM International, Inc.),* I-201-I-211.

[41] Leckie D G, Gougeon F A, Hill D, et al. 2003a. Combined high density lidar and multispectral imagery for individual tree crown analysis[J]. *Canadian Journal of Remote Sensing,* 29: 633-649.

[42] Leckie D G, Gougeon F A, Walsworth N, et al. 2003b. Stand delineation and composition estimation using semi-automated individual tree crown analysis[J]. *Remote Sensing of Environment,* 85: 355-369.

[43] Leckie D G, Jay C, Gougeon F A, et al. 2004. Detection and assessments of trees with Phellinus weirii (Laminated root rot) using high resolution multispectral imagery[J]. *International Journal of Remote Sensing,* 25: 793-818.

[44] Leckie D G, Gougeon F A, Tinis S, et al. 2005. Automated tree recognition in old growth conifer stands with high resolution digital imagery[J]. *Remote Sensing of*

Environment, 94: 311-326.

[45] Lindeberg T. 1996. Scale-space: A framework for handling image structures at multiple scales. *Proceedings of CERN School of Computing*, *8-21 September 1996*, *Egmond aan Zee*, *The Netherlands*.

[46] Maltamo M, Eerikäinen K, Packalen P, et al. 2006. Estimation of stem volume using laser scanning-based canopy height metrics[J]. *Forestry*, 79: 217-229.

[47] Meyer F, Beucher S. 1990. Morphological segmentation[J]. *Journal of Visual Communication and Image Representation*, 1: 21-46.

[48] Naesset E. 2002. Predicting forest stand characteristics with airborne scanning laser using a practical two-stage procedure and field data[J]. *Remote Sensing of Environment*, 80: 88-99.

[49] Niblack W. 1986. An introduction to digital image processing. Prentice-Hall, Englewood Cliffs, N.J.

[50] Otsu N. 1979. A threshold selection method from grey-level histograms[J]. *IEEE Transaction of Systems*, *Man and Cybernetics*, 9: 62-66.

[51] Pinz A. 1991. A computer Vision system for recognition of trees in aerial photographs. *Proceedings of International Association of Pattern Recognition Workshop*, *14-15 June 1990*, *College Park*, *MD*, （*Washington*, *DC*: *NASA*）, 111-124.

[52] Pinz A. 1999a. Australian Forest Inventory System. In *Proceedings of the International Forum on Automated Interpretation of High Spatial Resolution Digital Imagery for Forestry*, *10-12 February 1998*, *Victoria*, *British Columbia*, *Canada*, *D.A. Hill and D.G. Leckie*（*Eds*）（*Victoria*, *BC*: *Canadian Forest Service*, *Pacific Forestry Centre*）, 375-381.

[53] Pinz A. 1999b. Tree Isolation and Species Classification. *Proceedings of the International Forum on Automated Interpretation of High Spatial Resolution Digital Imagery for Forestry*, *10-12 February 1998*, *Victoria*, *British Columbia*, *Canada*, *D.A. Hill and D.G. Leckie*（*Eds*）（*Victoria*, *BC*: *Canadian Forest Service*, *Pacific Forestry Centre*）, 127-139.

[54] Pitkänen J. 2001. Individual tree detection in digital aerial images by combining locally adaptive binarization and local maxima methods[J]. *Canadian Journal of Forest Research*, 31: 832-844.

遥感技术在自动化森林资源清查中的应用研究

[55]　Pollock R J. 1996. The automatic recognition of individual trees in aerial images of forests based on a synthetic tree crown model. *PhD Dissertation*，*University of British Columbia*，*Vancouver*，*Canada.*

[56]　Pollock R J. 1999. Individual tree recognition based on a synthetic tree crown image model. In *Proceedings of the International Forum on Automated Interpretation of High Spatial Resolution Digital Imagery for Forestry*，*10-12 February 1998*，*Victoria*，*British Columbia*，*Canada*，*D.A. Hill and D.G. Leckie*（*Eds*）（*Victoria*，*BC*：*Canadian Forest Service*，*Pacific Forestry Centre*），25-34.

[57]　Pouliot D A，King D J. 2005. Approaches for optimal automated individual tree crown detection in regenerating coniferous forests[J]. *Canadian Journal of Remote Sensing*，31：255-267

[58]　Pouliot D A，King D J，Pitt D G. 2005. Development and evaluation of an automated tree detection-delineation algorithm for monitoring regenerating coniferous forests[J]. *Canadian Journal of Forest Research*，35：2332-2345.

[59]　Quackenbush L J，Hopkins P F，Kinn G J. 2000. Using template correlation to identify individual trees in high resolution imagery. *Proceedings of the 2000 ASPRS Annual Conference*，*Washington*，*DC.*

[60]　Sheng Y. 2000. Model-Based Conifer Crown Surface Reconstruction from Multi-Ocular High-Resolution Aerial Imagery. *PhD Dissertation*，*University of California*，*Berkley*，*U.S.A.*

[61]　Sheng Y，Gong P，Biging G S. 2001. Model-based conifer crown surface reconstruction from high-resolution aerial images[J]. *Photogrammetric Engineering & Remote Sensing*，67：957-965.

[62]　Singh K D. 1986. Conceptual Framework for the Selection of Appropriate Remote Sensing Techniques// Sohlberg S，Sokolov V E. Practical Application of Remote Sensing in Forestry. Norwell，MA：Kluwer Academic Publishers，1-14.

[63]　Stiteler W M IV，Hopkins P F. 2000. Using genetic algorithms to select tree crown templates for finding trees in digital imagery. *Proceedings of the 2000 ASPRS Annual Conference*，*Washington*，*DC*，CD-ROM.

[64]　Uuttera J，Haara A，Tokola T，et al. 1998. Determination of the spatial distribution of trees from digital aerial photographs[J]. *Forest Ecology and Management*，110：275-282.

[65] Walsworth N A, King D J. 1999a. Image Modelling of Forest Changes Associated with Acid Mine Drainage[J]. *Computers & Geosciences*, 25: 567-580.

[66] Walsworth N A, King D J. 1999b. Comparison of two tree apex delineation techniques. In *Proc. of the International Forum on Automated Interpretation of High Spatial Resolution Digital Imagery for Forestry*, D.A. Hill and D.G. Leckie, Eds., *Victoria, British Columbia, Canada, February 1998*, 93-104.

[67] Wang L, Gong P, Biging G S. 2004. Individual tree-crown delineation and treetop detection in high-spatial-resolution aerial imagery[J]. *Photogrammetric Engineering & Remote Sensing*, 70: 351-357.

[68] Warner T A, Lee J Y, McGraw J B. 1999. Delineation and identification of individual trees in the eastern deciduous forest. In *Proceedings of the International Forum on Automated Interpretation of High Spatial Resolution Digital Imagery for Forestry, 10-12 February 1998, Victoria, British Columbia, Canada, D.A. Hill and D.G. Leckie (Eds) (Victoria, BC: Canadian Forest Service, Pacific Forestry Centre)*, pp. 81-92.

[69] Wulder M, Niemann K O, Goodenough D G. 2000. Local Maximum Filtering for the extraction of tree locations and basal area from high spatial resolution imagery[J]. *Remote Sensing of Environment*, 73: 103-114.

遥感技术在自动化森林资源清查中的应用研究

第 4 章　基于高分辨率遥感影像的树冠自动检测与勾勒方法比较研究

　　针对基于高分辨率遥感影像进行单株立木树冠检测与勾勒的问题，本章比较了现有三种具有代表性的算法，并且提出了一个树冠检测与勾勒的精度评估框架。针对针叶林和阔叶林两个研究区域，本章讨论的三种算法——分水岭算法、区域生长法和低谷跟踪法——分别应用于地面采样间隔为60 cm的Emerge航空真彩色正射影像以及入射角为11°的QuickBird卫星遥感影像，以比较算法在不同森林树种条件下、不同遥感影像上的性能。算法的评估同时考虑了样地尺度和单株立木尺度上的检测与勾勒结果。本研究表明，虽然三种方法在 Emerge 航空正射影像上均合理地勾勒出针叶林林地的树冠，区域生长法得到的精度最高，生产者精度和用户精度均达到70%，另外树冠直径的估算RMSE为15%。三种方法利用 QuickBird 影像进行树冠检测的精度均低于利用Emerge 航空影像。三种算法应用于阔叶林林分，均无法达到较好的精度（生产者精度和用户精度均低于 30%）。

4.1 引 言

在过去几十年里，遥感已经成为森林制图与管理的重要信息来源。与传统的通过野外采样进行森林资源清查分析的方法相比，遥感有潜力以更低的成本获取森林更大范围的信息。遥感不仅为森林管理者更好地了解森林林分尺度上的特性，诸如树种分布、林冠郁闭度等，提供了一种成本效益较高的工具，另外，由于高空间分辨率影像越来越广泛的应用，遥感为单株立木树冠尺度上的森林解译提供了新的机遇。随着亚米级分辨率卫星影像不断投入使用，出现了许多针对单株立木树冠自动提取与勾勒的影像分析与处理技术。这些算法使树冠冠幅和林冠郁闭度估测成为可能，并且更有利于树种分类（Gougeon，1997；Leckie et al.，2005）。更进一步，这些技术可有助于进行其他一些感兴趣森林清查参数的提取，如林分边界（Hay et al.，2005）、林分密度和树种成分等，并且提高这些参数的估测精度。另外一些森林参数，例如林隙分布与面积也可以从高分辨率遥感影像中轻松提取（Gougeon et al.，2003；Leckie et al.，2003b）。除了高空间分辨率光学影像、激光探测与测距雷达（LIDAR）数据和合成孔径雷达（SAR）数据近年来也被用于森林参数估算（Fransson et al.，2000；Holmgren et al.，2004）。由于高点云密度的 LIDAR 数据提供了单株立木的垂直结构细节，现有研究已利用 LIDAR 数据进行树冠检测与提取（Brandtberg et al.，2003；Holmgren et al.，2004；Chen et al.，2006）。然而，由于现今 LIDAR 数据和 SAR 数据相比光学影像成本均较高，现有发表的研究主要是基于光学影像进行树冠检测与勾勒。

过去十几年中，许多研究提出了基于高分辨率光学影像的树冠检测与勾勒算法。这些算法根据其目的可归为两大类：单株立木树冠检测和单株立木树冠勾勒。树冠检测一般是指找到树冠顶点或者进行树冠定位的算法，而树冠勾勒则是自动勾勒出树冠外边缘（Pouliot et al.，2002）。虽然理论上这是两类不同的算法，但实际上两类算法经常交叉使用。虽然有些研究仅仅针对树冠检测（Larsen et al.，1998；Pollock，1999，Erikson et al.，2005；Pouliot et al.，2005），许多研究将两类算法相结合，这是因为进行树冠勾勒的前提是树冠检测（Culvenor，2002；Sheng et al.，2003，Wang et al.，2004）。一些研究甚至将检测与勾勒视为等同（Gougeon，1995）。虽然很难将树冠检测从树冠勾勒算法中分开，本书将聚焦于树冠勾勒的算法研究，在这里我们将这些算法统称为"单株立木树冠检测与勾勒"方法。

现有大部分算法均基于高分辨率遥感数据中森林典型的树冠反射特征进行树冠检测与勾勒（地面采样间隔 GSD 在 30 cm 和 1 m 之间）：亮度较高的像元代表树冠，周围亮度较低的像元则对应于相邻树冠造成的阴影。基于这种树冠反射规律，现有算法又可以分为三类：①首先检测亮度值较高的像元并且以此找到树冠边缘（Walsworth et al.，1999；Pouliot et al.，2002；Erikson，2004；Wang et al.，2004）；②检测局部最低亮度像元，并且以此追踪树冠边缘（Gougeon，1995；Leckie et al.，2005）；③同时检测局部亮度最高值作为树冠顶点以及亮度最低值以协助定义树冠区域（Culvenor，2002）。除了利用亮度分布特征，一些方法还利用形态学算法检测树冠形状（Wang et al.，2004），或者利用一些规则，比如顺时针规则来跟踪树冠的边界（Gougeon，1995）。

虽然大多数树冠检测与勾勒方法是针对中等密度的成熟林分，而有一些方法仅针对疏林地或者果园地（Kay et al.，1998；Pouliot et al.，2002，2005；Pouliot et al.，2005；Bunting et al.，2006）。在本领域的研究中，大部分都利用地面采样间隔在 30 cm 与 80 cm 之间的航空影像（Gougeon，1995；Culvenor，2002；Wang et al.，2004；Leckie et al.，2005）。随着卫星影像空间分辨率的显著提高，有学者逐渐开始探索卫星影像，比如 IKONOS 全色波段影像进行成熟林分的评估（Gougeon et al.，2006；Hay et al.，2005）。一些研究还采用超高分辨率影像（地面采样间隔<30cm，Erikson et al.，2005）。在这种情况下，森林的光谱反射特征与前文中提到的反射特征并不相同，比如说，由于大树枝的影响，在同一棵树冠上可能存在几个亮度峰值，或者疏林地的地表背景在围绕树冠区域呈现更高的亮度值，此时，树冠勾勒的算法就要区别于上述三类算法。由于这些具有特殊针对性的算法并不能代表目前广泛的应用，本章将集中讨论针对中等密度的成熟林分，利用地面采样间隔为 0.3～1 m 的光学影像进行树冠提取与勾勒的算法。

从现有的文献中可以很明显地看出目前针对树冠检测与勾勒结果并没有一个标准的评估方案。由于此类算法的目标是尽可能准确地定位并勾勒出单株立木树冠的轮廓，算法的评估需要考虑三个方面：①算法勾勒的树冠与参考树冠位置的吻合程度如何？②算法勾勒的树冠是否可以精确地描述参考树冠的大小？③结果是否可以代表整个林分的特点？然而，在现有的文献中，结果精度评估方法鲜有能完整考虑上述三个方面。在现有研究中，样方尺度上的精度评估大部分通过比较被检测到单株立木的总数与参考树木的总数而得来（Gougeon，1995；Culvenor，2002；

Pouliot et al., 2002）。Wang 等（2004）还提出了基于像元的精度评估方法，比较结果图与参考图之间被定义为树冠/非树冠的像元总数得到精度。无论是哪种方法，都无法提供树冠位置精度的精确信息。此外，利用这两种方法得到的精度评估结果会因为相抵错误（commission error）和遗漏错误（omission error）在样方尺度上合计时相互抵消而具有误导性（Larmar et al.，2005）。一些学者（Pouliot et al.，2002，2005）在结果评估中提供了相抵错误和遗漏错误以表示检测树冠和实际树冠之间的吻合情况。然而，Leckie 等（2004）提出，相抵错误和遗漏错误是基于树冠之间被分离的情况而考虑的，还不能完整地表示树冠被检测和定义的情况。该研究提出了两个精度检验的不同视角：基于参考树冠的精度考虑和基于检测树冠的精度考虑。参考树冠和检测树冠之间的重叠被分为 20 类，考虑了二者的位置一致性和树冠面积的吻合度。然而，Leckie 等（2004）并未分别列出这 20 类的详细精度以表示算法的性能。此外，作者所使用的精度分类过于复杂，在实际的森林管理应用中用处不大。另一些学者则考虑了将检测的冠幅和参考树木的冠幅相比较，以得到勾勒的精度（Pouliot et al.，2002）。对树冠检测和勾勒的算法精度评估的方法各异，意味着算法需要一个简单的，并且容易解释的算法评估框架。

树冠自动检测和勾勒应用于森林管理，需要这类方法不仅可以应用于不同的森林类型、不同的影像类型，而且在森林密度估算、树木位置和冠幅估算方面能产生较稳定可靠的结果。然而，正如上文所述，一般来说现有已发表的方法都仅适合于具有特定特征的研究区域，并且现有算法均应用于不同的影像，不同的精度评估方法进行评估。因此，基于现有的文献，很难对已有算法进行客观的比较、评估。为了更好地理解现有算法，我们有必要将这些算法应用于同一类型影像、同一研究区上，并用同一种评估方法来比较。这可以帮助我们改进现有算法，或者开发新的算法。由此，本章的研究目标如下：①从上述树冠检测与勾勒的三大类算法中分别选取较有代表性的算法，比较分析三种算法的优势与不足；②提出一种树冠检测与勾勒的算法评估标准方法。

本章中研究的三种算法包括分水岭分割算法（Wang et al.，2004）、区域生长算法（Culvenor，2002）和低谷跟踪算法（Gougeon，1995）。三种算法均应用于同一个研究区域，并同时应用于航空影像和卫星影像上。两个影像都具有相同的空间分辨率（地面采样距离为 0.6 m），并且与提出三种算法的文献中的影像分辨率一致。两个研究区分别代表了不同的森林树种类型和密度。

4.2 背景：树冠检测与勾勒方法综述

4.2.1 概述

对于密度中等的森林区域，高分辨率遥感影像上的像元灰度值如果从三维视角来看，可以表示为一个类似于山区的灰度值表面：高反射率的像元为山峰,低反射率的像元为低谷（Wulder et al.，2000）。尤其是对于具有圆锥形结构的树种来说，影像中亮度值达到局部范围内顶峰的点对应于树冠顶端，这是由于树冠顶端得到了更多的太阳照度；而其周围亮度值较低的像元则对应于相邻的树冠造成的阴影区域，或者由于双向反射特性造成的低反射率。在垂直影像上，树冠呈现圆形，并且树的顶点对应于树冠的中心位置。这样的反射率所呈现的空间分布规律是大多数树冠检测与勾勒方法的基本假设。本章讨论的三种方法从不同的角度利用这种反射率特征。低谷跟踪法首先检测局部亮度最低值以形成低谷，并考虑树冠的圆形形状以追踪树冠边缘；分水岭分割算法基于局部亮度最高值首先探测到树的顶点，随后利用形态学的分水岭分割算法勾勒树冠边缘；区域生长算法同时利用局部最高值和局部最低值，但是并未将树冠形状纳入考虑。之所以选择这些算法，是因为它们在现有研究中非常具有代表性。下文将详细阐述三种算法的流程。

4.2.2 低谷跟踪算法

低谷跟踪算法最初由 Gougeon（1995）提出，目的是为能够基于分辨率为 31 cm 的多光谱电子光谱成像仪影像（MEIS-II）实现加拿大一片成熟针叶林单株立木树冠的自动勾勒。在该算法中，首先设定一个灰度阈值将森林、非森林区域分开。在森林区域，低谷跟踪算法并没有首先找到局部灰度最大值作为树冠顶点，而是先找到局部最低点作为低谷底部。随后通过搜索两侧亮度值高、中间亮度值低的像元进行低谷跟踪。Gougeon（1995）随后利用了基于规则的五层式方法来完成树冠的勾勒。较低层次的规则处理形状为凸面的树冠边缘跟踪，而较高层次的规则考虑一些例外情况，比如，树冠有大树枝时会造成树冠为凹面形状，或者两个树冠之间存在的凹面形状。Gougeon（1995）的研究中，林分中树冠总数的误差为 7.7%；然而，相抵错误和遗漏错误的存在表明在检测到的树冠中，有 81% 与参考树冠相吻合。随着空间分辨率的下降，树冠总数的估测精度也随之下降；例如，Gougeon 等（2006）的研究报道，当此算法应用于在 IKONOS 影像上勾勒密度较大的针叶林树冠时，平均单株立木数量的误差达到 17% 左右。此外，随着分辨率的降低，与参考树冠完全吻合的单株立木比例明显下降（Leckie et al.，2005）。

4.2.3 区域生长算法

区域生长算法是一种将相邻区域分开进而辨识对象的一种图像分割算法。Culvenor（2002）利用该方法进行单株立木树冠勾勒。对于某个人为确定的种子像元（seed pixels），该算法不断地检查与其相邻的像元，如果这些像元与种子像元满足一定的相似度，则将其纳入同一个区域。这个过程一直持续，区域不断增长，直到找到一个显著的边界后将边界内的像元都纳入该种子像元的相应区域。在此算法中，用户需要提供种子点，以及确定区域增长停止的必要条件。

Culvenor（2002）利用一幅灰度图像中的局部灰度最大值以确定种子像元的位置，并且建立了为确定种子像元周围的树冠区域所必需的三个条件。这三个条件包括：①树冠像元值不能低于一个阈值，此阈值为图像中局部灰度最大像元的亮度平均值与一个 0 和 1 之间比率的乘积；②树冠像元必须位于局部极小值像元网络之间；③任意两个区域不能重叠。在此方法中，我们通过四个方向（南—北，东—西，东北—西南，西北—东南）上的反射率峰值来确定局部极大值。如果某一个像元在至少 n（$1 \leqslant n \leqslant 4$）个方向上都具有反射率峰值，该像元将被认为是局部极大值，这里 n 被定义为反射率峰值出现的频率，并作为算法的输入参数。Culvenor（2002）将此算法应用于 0.8 m 分辨率的多光谱航空影像上进行 60 年年龄的花楸树林分的树冠勾勒（比例参数=0.4，n=3）。Culvenor（2002）报道的精度评估仅局限于样方内勾勒树木的总数（354 棵）与参考树木总数（356 棵）的比较。

4.2.4 分水岭分割算法

正如上文描述，分水岭分割算法与其他很多树冠勾勒算法一样，也是将遥感影像看做地形表面图，影像中的灰度值则代表了地形表面的高度。然而，在分水岭算法中，将图像的灰度值倒过来看，也就是局部极大值被认为是局部极小值，反之亦然。因此，在树冠内部的区域对应于流域盆地，而区域边缘（即树冠之间的阴影部分）则对应于分水线。分水岭算法的最终目的是找到能够将各个区域（各树冠）分开的分水线。为了避免区域内的反射率差异大造成的过分割现象，Meyer 等（1990）提出了标记分水岭算法。该方法首先识别特定的点，也称为标记点，进而通过标记点限制分割得到图斑的数量。

Wang 等（2004）采用了标记分水岭算法在轻便机载光谱成像仪（Compact Airborne Spectral Imgager，CASI）获取的分辨率为 60 cm 的影像上实现成熟白云杉树冠的自动勾勒。首先利用拉普拉斯高斯边缘检测算子提取树冠对象。该算子将树冠区域和与其亮度差异显著的阴影区域分开。在每一个对象中，灰度局部极大值像元对应于最高亮度点，而经过测地距离变换的图像局部极大值像元对应于每一个假设为圆形的树冠的中心，两者的交叉点作为树冠顶点。以树冠顶点作为标记点，Wang 等（2004）运用标记分水岭算法以确定每一标记的测地距离影像区域。影像区域的边界则被认为是树冠的边界。在 Wang 等（2004）研究中，算法在研究区域内检测到了 1 122 棵单株立木，而基于图像目视解译勾勒的树木共有 957 棵。同时，利用基于像元的精度评估，该研究表明，75.6%的像元（树冠或非树冠）被正确地检测出来。

4.3 数据和方法实现

4.3.1 研究区域

本项目的研究区域位于纽约州中部的 Heiberg Memorial 森林。Heiberg 森林隶属于纽约州立大学环境科学与林业学院，面积约为 1 600 hm^2。Heiberg 森林最初为种植林，经过管理，其目前代表了美国东北部典型的森林生态系统。Heiberg 森林中的落叶树主要包括红枫、糖枫、红橡树、山毛榉以及桦树的混交林。针叶林树种包括赤松、雪松、挪威杉、铁杉、北美香柏以及美洲落叶松（Pugh，2005）。在本研究中，我们基于森林的针叶林及落叶林两大类选取了两个研究区（如图 4-1 所示）。

两个研究区中，一个针叶林区 [图 4-2 （a）和图 4-2 （c）分别为此研究区的 Emerge 和 QuickBird 影像] 覆盖了三个相邻的挪威杉林班。这些林班于 1931 年建立，以 2m×2m 的等宽距离种植 3 年年龄的幼树。根据林班不同的间伐措施，我们在林班内选择三个样方。样方 1 于 1979—1980 年间伐；样方 2 于 1980 年间伐，但在路两旁的树并未经过间伐；样方 3 于 1985 年间伐。落叶林研究区 [图 4-2 （b）和图 4-2 （d）分别为此研究区的 Emerge 和 QuickBird 影像] 由糖枫和白蜡树为主要树种组成的阔叶林班。

4.3.2 影像数据

本章所用到的高空间分辨率影像包括由 Emerge 机载传感器于 2001 年 10 月 11 日采集到的真彩色影像，以及 QuickBird 星载传感器于 2004 年 8 月 9 日收集到的全色波段卫星影像。Emerge 航空影

遥感技术在自动化森林资源清查中的应用研究

像为 0.6 m 像元大小，8bit 辐射分辨率的真彩色垂直影像；QuickBird 影像（从蓝色到近红外波段）则为 11bit 全色波段影像，其入射视角为 11°。QuickBird 原始影像经过重采样，达到像元大小为 0.6 m。二者影像均经过 WGS 1984 UTM zone 18N 投影坐标系进行投影。覆盖研究区域的部分从原影像中提取出来。图 4-2（a）和图 4-2（c）显示了针叶林的 Emerge 航空影像和 QuickBird 全色波段影像；图 4-2（b）和图 4-2（d）则显示了落叶林地区的两幅影像。

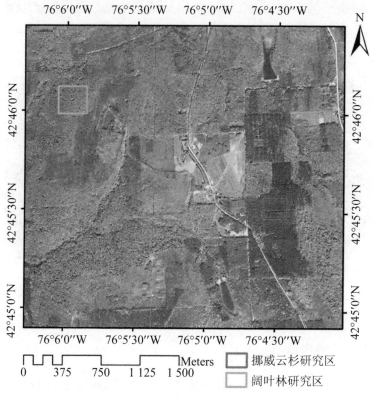

图 4-1　研究区域地理位置

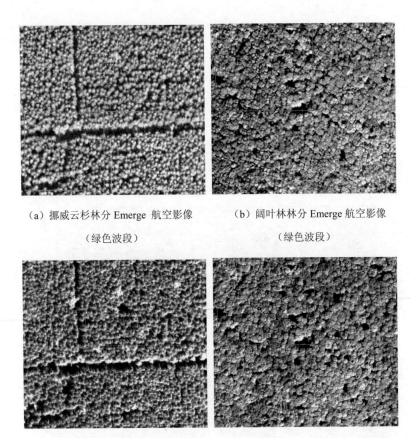

（a）挪威云杉林分 Emerge 航空影像　　　　（b）阔叶林林分 Emerge 航空影像
（绿色波段）　　　　　　　　　　　　　（绿色波段）

（c）挪威云杉林分 QuickBird 全色波段影像　　（d）阔叶林林分 QuickBird 全色波段影像

图 4-2　挪威云杉和阔叶林林分 Emerge 航空影像和 QuickBird 全色波段影像

4.3.3　参考数据

　　由于 Emerge 和 QuickBird 影像采集的时间和成像条件不同，我们对两幅影像分别建立参考数据。通过具有林业工程背景的影像解译员进行在两幅影像上手绘树冠边界而生成参考数据。每个

　　　　　　　遥感技术在自动化森林资源清查中的应用研究

解译员首先目视计数每幅影像上的单株立木数量。单株立木数量的相对误差在10%以内。利用平均单株立木数量作为指导，其中一个解译员在ArcGIS软件中建立树冠边界图层。

对于 Emerge 影像，对针叶林林地的解译还利用 1∶10 000 比例尺的航空立体像对（60%的重叠）辅助解译。航空立体相对是利用 WILD 15/4UAG-S 相机（153 mm 焦距）由 Air Photographics 公司（Martinsburg，WA，USA）于 1998 年 4 月 11 日拍摄，并经过数字扫描生成像元大小为 21 cm 的数字影像。由于数据是在落叶季节采集，本研究中仅利用立体像对中覆盖挪威杉林班的部分。由于 Emerge 影像和航空影像的采集时间相隔三年，并且在此期间没有发生自然或者人为扰动，因此我们认为这两幅图像所表现的森林状况没有显著不同。每一样方中树冠的具体参数如表 4-1 所示。

表 4-1　参考树冠特征统计值

样方编号	树种	Emerge 影像					QuickBird 影像
		参考树冠个数	冠径/m				参考树冠个数/个
			均值	标准差	范围		
1	挪威杉	619	2.95	0.66	1.69	5.30	611
2	挪威杉	342	2.96	0.78	1.25	5.56	333
3	挪威杉	317	2.92	0.69	1.33	5.48	326
4	糖枫和白蜡	411	5.14	1.70	2.23	11.81	438

对于 QuickBird 影像，参考数据的建立没有利用立体像对进行辅助，这不仅是因为两次数据采集之间 6 年的时间间隔太长，更重要的是因为 QuickBird 传感器 11°的照射角度对树冠的形状造成了较大影响。由于 QuickBird 影像中树冠形状呈现月牙形，

不能通过手绘树冠边缘并且利用树冠为圆形的假设计算冠幅，因此对于该影像，我们仅列出了参考树冠的个数。同样地，参考树冠的数量是由三个解译员进行解译得到的均值。

4.3.4 方法实现

我们选择 Emerge 影像的绿光波段用于树冠检测和勾勒算法，这是由于在此波段上树冠和树冠之间的阴影体现出最明显的亮度差异，并且通过我们初步分析，此波段得到的结果最好。对于每种算法我们根据初步实验结果选择合适的参数。对于标记分水岭算法，用于识别标记点的窗口依赖于树冠大小，因此，对于挪威杉针叶林和落叶林我们分别选择 3×3 和 7×7 的窗口大小。对于区域生长算法，最大选择频率阈值设为 4，通过测试不同的比率因子，最终对于挪威杉针叶林和落叶林分别设定为 0.5 和 0.1。对于低谷跟踪算法，在 8 bit Emerge 影像（绿色波段）中，对于挪威杉和落叶林林分中区分森林和非森林地区的阈值均设为 55，在 QuickBird 11 bit 影像中此值设为 330。所有的算法均在 Matlab 图像处理工具箱中（MathWorks，MA，USA）编程实现。

4.4 结果和精度分析

4.4.1 精度分析概述

在本章中，我们利用一个完备的精度检验方法来评价三种算法得到的结果，其中包括目视评价和对树冠检测及边缘勾勒结果的定量评估。树冠检测精度同时在样方尺度上和单株立木尺度上进行评估。样方尺度上的评估是通过勾勒出的树冠总数与样方内参考树木的总数求比率而来。单株立木尺度上的精度是利用用户精度和生产者精度来分析参考树木和勾勒树冠位置的吻合程度计算。为了详细阐明树冠检测的精度，我们在本章引入了"混淆矩阵"[①]的概念。树冠边缘勾勒的精度是利用在圆形树冠的假设下评价冠幅的精度来实现的。

4.4.2 目视评价

图 4-3～图 4-6 显示了对于挪威杉林分和阔叶林林分，分别将三种树冠检测和边缘勾勒的算法运用于两类影像的结果。图中红色轮廓线代表利用每种算法勾勒出的单株树冠边界。三种算法均将 Emerge 和 QuickBird 影像中大部分挪威杉树冠清晰地勾勒出来。细致的目视判别表明利用低谷跟踪算法勾勒的树冠相比其他算法具有较大面积。目视解译同样发现低谷跟踪算法更容易造成错分误差。例如，在图 4-3（c）中路旁没有进行森林间伐的区域，低谷跟踪算法将一个树冠群集勾勒为单一的树冠，然而另外两种算法在此区域中勾勒的结果较好。图 4-3 与图 4-5 的比较说明在 QuickBird 影像中，低谷跟踪算法产生了更多的将相邻树冠合并为一个树冠的情况。对于阔叶林，无论运用何种方法都无法精确地勾勒树冠，这主要归结为低谷跟踪算法对树冠的合并，以及另外两种算法的过分割导致的。图 4-4（b）和图 4-6（b）尤其凸显了区域生长算法产生的过分割现象，此时单一的阔叶林树冠被分割为数个树冠，因此这种方法得到的树冠面积普遍低于

---

① 混淆矩阵是通过将每个地表真实像元的位置和分类与分类图像中的相应位置和分类像比较计算得到的。混淆矩阵的每一列代表了地面参考验证信息，每一列中的数值等于地表真实像元在分类图像中对应于相应类别的数量；每一行代表了遥感数据的分类信息，每一行中的数值等于遥感分类像元在地表真实像元相应类别中的数量。

其他方法。

（a）低谷跟踪算法　　　　　　（b）区域生长算法

（c）分水岭算法

图 4-3　Emerge 航空影像挪威云杉单株立木树冠勾勒结果

（a）低谷跟踪算法　　　　　　　　（b）区域生长算法

（c）分水岭算法

图 4-4　Emerge 航空影像阔叶林林分单株立木树冠勾勒结果

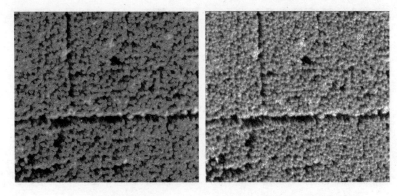

（a）低谷跟踪算法　　　　　　　　（b）区域生长算法

（c）分水岭算法

图 4-5　QuickBird 全色波段影像挪威杉林分单株立木树冠勾勒结果

　　　　　　　　　　遥感技术在自动化森林资源清查中的应用研究

（a）低谷跟踪算法　　　　　　　　（b）区域生长算法

（c）分水岭算法

图 4-6　QuickBird 全色波段影像阔叶林林分单株立木树冠勾勒结果

4.4.3　树冠数量评价

表 4-2 列出了对于两幅影像中的每个样方，由每个树冠勾勒算法得到的树冠数量估测值。总体上说，QuickBird 影像上得到的树冠数量误差要大于 Emerge 影像，并且所有方法在阔叶林林分中的性能均较差。在三种方法中，区域生长算法运用于挪威杉

林分上，无论使用哪幅影像其误差都最低。对于挪威杉林分，利用区域生长算法在 Emerge 影像上得到的树木数量与参考树木的数量非常接近（误差小于 1%），在 QuickBird 影像上误差在 10%以内。与目视解译所得出的结论一致，区域生长算法在阔叶林林分中造成了较严重的过分割现象，以至于算法估算的树木数量接近于参考树木数量的两倍。低谷跟踪算法对于 QuickBird 影像上所有样方中的树冠数量都有所低估，但是对于 Emerge 影像上阔叶林的树冠识别，其误差相比其他方法较低。

表 4-2 立木个数估算误差 单位：%

样方编号	Emerge 影像			QuickBird 全色波段影像		
	低谷跟踪算法	区域生长算法	分水岭算法	低谷跟踪算法	区域生长算法	分水岭算法
1	−10	−1.0	14	−58	8.2	25
2	−13	−0.3	14	−54	10	29
3	−4.1	0	14	−57	8.6	27
4	4.6	166	79	−60	150	108

注：误差为负值表明低估了参考树冠的个数；误差为正值表明高估了参考树冠的个数。

4.4.4 单株立木识别评估

4.3 节所述样方尺度上的精度反映了被正确识别出来的树木的总体比例。然而，由这种方式得到的精度会由于错分误差和遗漏误差在一个样方中相抵消而产生误导。进一步的结果分析应包括在单株立木尺度上从参考树冠角度和勾勒树冠视角两方面进行树冠检测误差分析。参考树冠视角的误差分析显示了每一个参考树冠被勾勒的情况，而勾勒树冠视角的误差则反映了每个勾勒树冠表征参考树冠的情况。此分析方法是将 Leckie 等（2004）提出的方法进行延伸，并提出基于对象的生产者精度和用户精度作为传统的基于像元的误差分析方法的代替。

　　图 4-7 显示了从每一个视角上典型的树冠检测情况。图 4-7 中的每一部分都显示了勾勒树冠与参考树冠的数量比，根据不同视角，这个比率会有所不同。图 4-7（i）和图 4-7（ii）分别描绘了最简单的遗漏误差情况（0 个勾勒树冠：1 个参考树冠）与错分误差情况（1个勾勒树冠：0 个参考树冠）。图 4-7（iii）描绘了正确的树冠勾勒（精确的 1：1 吻合），此时一个参考树冠仅被一个勾勒树冠所覆盖（从参考树冠视角上为 1：1 对应关系），另外没有其他参考树冠与此勾勒树冠相对应（从勾勒树冠视角上为 1：1 对应关系）。图 4-7（iv）显示了由过分割现象造成的错分误差，此时一个参考树冠被勾勒为两个树冠，因此产生了从参考树冠视角上 2：1 对应关系；然而，由于每一个勾勒树冠仅对应于一个参考树冠，因此从勾勒树冠的视角上，其对应关系为 1：1。图 4-7（v）显示了由欠分割现象造成的遗漏误差，此时由相邻树冠组成的树冠簇被错误地勾勒为单一树冠，因此再一次导致了由不同视角上不同的比例。

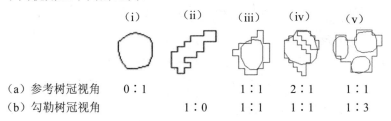

	(i)	(ii)	(iii)	(iv)	(v)
（a）参考树冠视角	0：1		1：1	2：1	1：1
（b）勾勒树冠视角		1：0	1：1	1：1	1：3

图 4-7　参考树冠与勾勒树冠匹配的几种典型情况

注：参考树冠用圆形边框表示，勾勒树冠用多边形表示。比率值表示勾勒树冠数量：参考树冠数量。(i) 简单遗漏误差；(ii) 简单错误误差；(iii) 一一对应；(iv) 由过分割造成的错分误差；(v) 由欠分割造成的遗漏误差。

本章中，我们利用混淆矩阵来表示从参考树冠视角和勾勒树冠视角上的不同误差类型的频率（Emerge 影像见表 4-3；QuickBird 影像见表 4-4）。例如，表 4-3 显示对于 Emerge 图像上样方 1 中 619 个参考树冠，由分水岭分割算法得到有 444 个参考树冠有一个勾勒树冠与之对应（从参考树冠视角上 1∶1 对应），有 148 个参考树冠被两个勾勒树冠所覆盖。表 4-3 同样显示了 Emerge 影像上从勾勒树冠视角上对于结果的分析。例如，在样方 1 中由分水岭分割算法勾勒出的 704 个树冠中，有 523 个勾勒树冠其中每一个树冠仅覆盖了一个参考树冠，有 130 个勾勒树冠其中每一个树冠对应两个参考树冠。值得注意的是，正如图 4-7 中所示，过分割和欠分割现象同时存在，此时仅从一个视角上产生了 1∶1 对应关系，而从另一个角度上并非如此[见图 4-7（iv）和（v）]。表 4-3 中最右边一栏提供了从参考树冠和勾勒树冠两个视角均为 1∶1 对应情况；例如，Emerge 影像中样方 1 由分水岭分割算法得到的 322 个单株立木被正确地勾勒出来。

表 4-3 中三种方法运用于 Emerge 影像上的比较表明了对于挪威杉研究区域（样方 1、2、3），最常见的错分误差来源于一个参考树冠被勾勒为两个的情况（2∶1 误差）。分水岭分割算法相比其他两种算法产生了更多的 2∶1 错分误差。低谷跟踪算法易于产生更多的遗漏误差（0∶1 误差）。对于阔叶林研究区来说，区域生长算法和分水岭分割算法由于过分割现象的存在产生了更大的错分误差，此时一个参考树冠在勾勒过程中经常被分割为 4 个甚至更多的树冠。在同一个样地中，低谷跟踪算法很难将树冠簇分开，因此产生了大量的 $1∶x(x>1)$ 的误差情况（见表 4-3），这与我们在图 4-4（c）中目视解译的结果一致。

表 4-3 Emerge 影像上树冠检测结果

算法	样方编号	参考树冠视角 0:1	1:1	2:1	3:1	≥4:1	总计	勾勒树冠视角 1:0	1:1	1:2	1:3	1:(≥4)	总计	两个视角 1:1精确配比
低谷跟踪算法	1	69	445	86	18	1	619	94	321	107	17	19	558	184
	2	29	271	36	6	0	342	70	156	43	17	10	296	104
	3	33	229	45	9	1	317	69	168	40	13	14	304	105
	4	31	202	123	48	7	438	33	273	80	21	23	430	90
区域生长算法	1	10	540	65	4	0	619	59	448	88	14	4	613	378
	2	10	279	46	5	2	342	30	238	64	8	1	341	179
	3	8	269	30	7	3	317	29	248	33	3	4	317	223
	4	1	128	112	59	111	438	168	787	125	6	7	1093	92
分水岭算法	1	5	444	148	21	1	619	43	523	130	7	1	704	322
	2	2	245	83	8	4	342	34	274	73	9	1	391	176
	3	5	244	60	8	0	317	40	259	58	3	1	361	182
	4	45	149	123	62	59	438	42	546	133	10	6	737	81

表 4-4 列出了 QuickBird 影像中树冠检测的结果。总体上说，虽然相比较 Emerge 影像，QuickBird 影像上得到更少数量的参考树冠视角上 1:1 对应的情况，并且被正确勾勒的树冠数量更少，但是我们发现误差分布的情况在两幅影像上具有相似性。利用 QuickBird 影像时，采用分水岭分割算法和区域生长算法时相比 Emerge 影像产生了更多的 0:1 遗漏误差。

表 4-4 QuickBird 影像树冠检测结果

| 算法 | 样方编号 | 勾勒树冠：参考树冠 | | | | | | | | | | | | 两个视角 1:1 精确配比 |
| | | 参考树冠视角 | | | | | | 勾勒树冠视角 | | | | | | |
		0:1	1:1	2:1	3:1	≥4:1	总计	1:0	1:1	1:2	1:3	1:(≥4)	总计	
低谷跟踪算法	1	43	514	47	7	0	611	46	97	46	20	47	256	64
	2	39	260	28	6	0	333	28	70	25	13	16	152	39
	3	34	271	21	4	0	326	45	48	12	10	26	141	26
	4	20	367	45	6	0	438	19	98	24	9	24	175	48
区域生长算法	1	42	447	102	18	2	611	34	549	71	6	1	661	362
	2	30	216	72	14	1	333	20	292	51	4	0	367	161
	3	20	227	68	11	0	326	9	299	41	5	0	354	174
	4	46	127	115	59	91	438	152	815	119	4	6	1 096	100
分水岭算法	1	37	369	150	41	14	611	31	621	101	9	1	763	280
	2	21	174	101	31	6	333	18	331	75	4	0	428	130
	3	24	179	97	23	3	326	44	293	70	7	0	414	123
	4	14	187	115	73	49	438	165	656	72	13	2	909	112

本书中，我们将 Larmar 等（2005）提出的方法加以改进，将基于像元分类的精度验证方法引入树冠检测精度分析中，进一步分析树冠检测的用户精度（UA）和生产者精度（PA）。在本研究中，式（4.1）中定义的生产者精度描述了一个参考树冠被正确勾勒的概率，而用户精度[式（4.2）所定义]则描述了一个勾勒树冠正确表征参考树冠的概率。

$$PA\% = \frac{N_p}{N_r} \times 100 \qquad (4.1)$$

$$UA\% = \frac{N_p}{N_d} \times 100 \qquad (4.2)$$

式中：N_p——1:1 精确配比的和数；

$\quad\quad N_r$——参考树冠的总数；

$\quad\quad N_d$——勾勒树冠的总数。

表 4-5 总结了两幅影像上得到的用户精度和生产者精度。表中显示了在挪威杉的三个样地中，无论采用哪种算法，在 Emerge 影像上的勾勒相比 QuickBird 影像上，其结果都较好。例如，在 Emerge 影像上，利用低谷跟踪算法得到的生产者精度（29%～33%）要比 QuickBird 影像上得到的精度（8.0%～12%）高大约 15%；分水岭分割算法得到的用户精度（45%～50%）要比 QuickBird 影像上的精度（27%～37%）高大约 10%。算法之间的比较说明虽然区域生长算法相比其他算法在挪威杉林分上具有更高的精度，其生产者精度和用户精度均比分水岭算法高大约 10%，比低谷跟踪算法高大约 30%，此算法最高仍然只得到了 70% 的精度。低谷跟踪算法在三个挪威杉样方中的精度最低（低于 35%），这说明仅有一小部分勾勒出来的树冠能够正确地反映参考树冠的情况。三个挪威杉样方之间的比较说明，样方 2 得到的精度略低于其他两个样方。无论使用何种算法，无论在哪幅影像上，在阔叶林林分上的树冠检测精度都很低，只有不到 1/4 的参考树冠和勾勒树冠产生 1：1 精确的吻合。

表 4-5　树冠检测与勾勒精度评价　　　　　　　单位：%

算法	样方编号	Emerge 影像		QuickBird 全色波段影像	
		生产者精度	用户精度	生产者精度	用户精度
低谷跟踪算法	1	29	33	10	25
	2	30	33	12	26
	3	33	35	8.0	18
	4	22	21	11	27
区域生长算法	1	61	62	59	55
	2	52	52	48	44
	3	70	70	53	49
	4	22	8.4	29	10
分水岭算法	1	52	46	46	37
	2	52	45	39	30
	3	57	50	38	27
	4	18	11	26	12

4.4.5　树冠边缘勾勒结果评估

选择与参考树冠为 1∶1 精确配比的勾勒树冠，通过比较二者冠幅的差异来评价树冠边缘勾勒的结果。本书用平均误差、绝对误差以及均方根误差（RMSE）与参考树冠平均冠幅的比率三个指标来表示树冠勾勒精度。RMSE 是利用 Pouliot 等（2002）所提出的公式计算而来。

$$\text{RMSE\%} = \frac{\sqrt{\sum(D_i - R_i)^2 / N_p}}{\bar{R}} \tag{4.3}$$

式中：D_i——第 i 个正确勾勒出来的树冠冠幅；

R_i——响应的参考树冠的冠幅；

$\bar{R}$——参考树冠的平均冠幅。

树冠冠幅是基于树冠形状为圆形的假设计算而来。由于QuickBird 影像采集时的入射天底偏角较大,此时圆形树冠的假设在 QuickBird 影像上不成立,因此利用这种方法计算出来的勾勒树冠冠幅与参考树冠冠幅无法直接对应,因而,我们对树冠冠幅的评价仅局限于 Emerge 影像。

表 4-6 列出了将三种算法应用于 Emerge 影像上的冠幅精度。所有三种算法在挪威杉林分中均容易高估冠幅(估测的冠幅比实际冠幅大 0.14~0.47 m),然而对于阔叶林林分树冠冠幅容易低估(估测冠幅比实际冠幅小 0.07~0.33 m)。在三种算法中,对于挪威杉林分的每一个样方,区域生长算法都产生了最低的平均误差(0.14~0.23 m)、绝对误差(0.34~0.43 m)以及 RMSE(15%~18%)。挪威杉林分的三个样地之间的比较说明,无论采用哪种算法,样方 2 中冠幅勾勒的精度始终比其他样方要低。

表 4-6   Emerge 影像树冠勾勒误差统计值

算法	样方编号	平均误差/m	绝对误差/m	RMSE/%
低谷跟踪算法	1	0.23	0.44	18
	2	0.47	0.58	24
	3	0.38	0.49	20
	4	−0.33	0.75	16
区域生长算法	1	0.14	0.34	15
	2	0.29	0.43	18
	3	0.23	0.38	17
	4	−0.17	0.42	15
分水岭算法	1	0.33	0.42	19
	2	0.47	0.52	23
	3	0.29	0.37	16
	4	−0.07	0.46	15

4.5 讨论

4.5.1 三种算法比较

在本书中，一种完整的、统一的精度评估方法框架的建立使得树冠检测与边缘勾勒算法之间的优、劣势的细致比较成为可能。当在同一研究地，运用同一幅影像时，分水岭分割算法、区域生长算法以及低谷跟踪算法在 Emerge 垂直影像中均能够有效地估算挪威杉林分中树木数量（估算误差在 15%以内），这与原文献中报道的结果一致（Gougeon，1995；Culvenor，2002；Wang et al.，2004）。然而，QuickBird 影像上得到的误差较大；尤其是低谷跟踪算法所得到的树冠数量的精度显著下降（估算树冠的数量甚至低于参考树冠数量的 50%）。在 3 种算法中，对于挪威杉林分，区域生长算法在两幅影像上树冠估测的精度均达到最高。对于针叶林林分，单株立木尺度上的精度分析表明利用区域生长算法进行单株立木树冠检测与勾勒，与其他算法相比，其产生的过分割现象最少[即勾勒树冠与参考树冠为 x：1（x＞1）对应]，并且产生了更高的 1：1 精确匹配误差。对于那些 1：1 精确匹配的勾勒树冠，树冠冠幅估测的精度评价也表明区域生长算法在估测树冠冠幅方面精度达到最高。然而，在阔叶林林分上，区域生长算法导致了大量的错分误差，此时许多单一树冠被过分割为数个树冠。

本书中评价的三种算法分别代表了现有文献中树冠检测和边缘勾勒最常用的三种算法。低谷跟踪算法充分利用了相邻树冠之间的阴影区域，此算法主要聚焦于寻找局部亮度最低值，并且基于对树冠形状为圆形的假设顺时针跟踪亮度"低谷"，进而实现树冠边缘勾勒。分水岭分割算法则充分利用了树冠顶部的反射率为局部最高值的特性，首先通过搜索局部亮度最高值定位树冠顶部，随后再利用形态学的分水岭分割算法来勾勒树冠的边缘。区域生长算法则同时利用"低谷"与"峰值"，在此算法中先检测局部最大值作为区域生长种子，而局部最低值则被用于限制树冠区域的增长边界。然而，区域生长算法与分水岭分割算法运用了不同搜索局部最高值的方法。分水岭分割算法在一个固定大小的窗口中识别局部亮度最大值（同时为基于光谱空间信息的局部亮度最大值），区域生长算法则不需要用户事先定义搜索距离或者窗口大小，因此在识别不同大小的树冠方面具有更高的灵活性。这也是为什么区域生长算法与其他算法相比，在本研究区域得到的树冠数量与目视解译的参考树冠数量更加相近，并且用户精度和生产者精度都高于其他算法。同样，与低谷跟踪算法不同，区域生长算法检测到的局部最低值并不受限于事先定义的窗口大小。如果一个像元被围绕它的四个分离方向（N—S, NW—SE, NE—SW，W—E，又即"搜索臂"）中的任何一条搜索臂上的像元值均高于此像元值，并且至少有一条搜索臂上的像元值亮度随后降低，此像元被认为是局部亮度最低点。更进一步，与低谷跟踪算法和分水岭算法不同，区域生长算法并没有采用树冠为圆形的假设。因此，即使 QuickBird 影像中树冠由于入射天底角的增大而造成月牙形的树冠，区域生长算法相比其他算法仍然能取得较好的结果。

　　然而区域生长算法其中一个较大的局限性在于这种方法表现为对于反射率的差异更加敏感。比如，相比较针叶林树冠，阔叶林树冠由于树枝较大，并且树冠并非呈圆锥形状，造成树冠内部的亮度差异较大。亮度局部最低值的识别过程在这种情况下容易识别出多个亮度最低值，并且在同一个树冠中很容易形成多个局部最小值网络。因此，在落叶林林分（表 4-3 和表 4-4 中的样方 4）中，区域生长算法产生了最大的错分误差。另外，当运用区域生长算法时，为选择最优参数，我们测试了一系列比率值。这也有可能造成在实际森林资源清查中算法的效率降低。

低谷跟踪算法，无论在挪威杉林分还是在阔叶林林分中，无论是运用 Emerge 航空影像还是 QuickBird 卫星影像，其得到的树冠检测与勾勒的精度在三种算法中均为最低（用户精度和生产者精度均低于 35%，冠幅估测的 RMSE 高于 17.5%）。正如结果中所显示的，低谷跟踪算法容易造成相邻树冠之间的"低谷"无法识别，进而造成无法将树冠簇中的单株立木分开。尤其是在样方 2 中，这一缺点非常明显：对于沿路两旁的相邻树冠，由于树冠之间的间隙不明显，低谷跟踪算法易于将相邻的树冠合并为单一树冠。Gougeon（1995）的研究也讨论了这一局限性，该研究发现算法对于照度很大的茂密赤松林分中造成较大误差，并建议此算法对于非常茂密的森林不适用。

三种算法的比较揭示了精确的树冠检测与勾勒不仅依赖于树冠顶部是否被准确定位，而且也依赖于树冠群簇是否能被隔离开。同时考虑局部亮度最大值和最小值是否有利于改进树冠识别，这是因为这种方法同时利用了树冠顶部和相邻树冠间隙两种特性迥异的光谱反射值。然而，除了光谱特性以外，经验丰富的遥感解译人员还会采用关于林分的经验知识，比如树冠大小、树冠形状或者树冠的排列。我们的研究发现目前基于影像分析的分割算法一般并没有考虑这些专家知识。我们期望在今后的研究中，专家知识的利用能够提高自动森林解译的能力，尤其是在如何将相邻树冠隔离开这一方面。

4.5.2　森林条件的考虑

本章中我们利用两个研究地来表征两种截然不同的森林类型：针叶林和阔叶林。这两个研究区域的光谱反射特性不同，主要表现在：①阔叶林的树冠内部反射差异比针叶林大，主要归结为阔叶林树冠并非呈锥形，并且由大树枝以及同一树冠内相邻树枝造成的阴影所导致[见图 4-2（b）和图 4-2（d）]；②阔叶林树冠之间的阴影区域很难被识别，这是由于相邻树冠之间的树枝相互重叠造成的。本章讨论的树冠检测和边缘勾勒的方法是为针叶林所设计，其主要利用针叶林树冠顶部与树冠之间阴影的亮度差异来进行检测与勾勒。由于在阔叶林中该树冠形状的基本假设不再成立，因此三种算法均未得到满意的结果。正如结果中所示，分水岭分割算法和区域生长算法易于造成阔叶林树冠的过分割，超过 50%的参考树冠均被过分割（表 4-3 和表 4-4）；然而低谷跟踪算法在定义树冠之间的低谷上存在困难，因此导致了严重的欠分割问题（超过 25%的勾勒树冠对应于多个参考树冠）。另一个可能导致阔叶林林分中较大误差的因素在于，本章中讨论的所有算法都只考虑了单一波段。对于阔叶林林班，在 Emerge 单一波段的影像上，目视解译都很难将单株立木树冠与相邻树冠分隔开。然而，在真彩色影像中，目视解译可根据秋季叶片颜色特征的差异来辅助进行单株立木识别。这可为今后的研究提供一种新的途径，即充分利用多光谱波段影像或者多季节应用来辅助进行影像分割。

上述结果同样显示了森林密度也成为影响算法性能的重要因素。在挪威杉林分中我们选择三个样方来代表不同的森林密度分布。样方 1 和样方 3 中，树木呈均匀分布，并且树冠大小相近；然而，在样方 2 中，路两旁的树木由于此区域从未进行间伐而造成树木排列更紧密，并且此样方中树冠大小各异（见表 4-1）。三个挪威杉样方之前的比较说明无论用哪种方法，样方 2 的精度均比其他样方低。这是由于树木相隔太近，进而导致树冠相连。与已有研究类似，结果表明算法在勾勒树冠大小不均匀、非均匀分布的林分中存在问题。一位有经验的森林遥感解译员可以通过对树冠大小、形状以及/或者树冠分布的先验知识推断正确的树冠勾勒结果。由于大多数影像分割方法的目的是为了模拟人类认知过程，一个智能的、自适应性的算法应该通过利用此类经验知识作为附加特征或者决策规则以改进树冠提取算法在不同类别森林中的适用性。本研究所讨论的算法并没有将这些经验知识纳入考虑。虽然 Kay 等（1998）的研究提出根据经验知识，利用形态学规则选择分割区域以作为可能的树冠，但是这种方法是为特定应用，即稀疏橄榄果园而设计的。在今后的研究中，新的算法需要考虑更加普适和更广泛的应用。

4.5.3　图像类别考虑

　　本章用到的 Emerge 影像和 QuickBird 影像代表了不同的成像条件，尤其是航空影像与卫星影像的对比，以及垂直影像和离天底交角较大的影像的对比。研究结果表明 QuickBird 全色波段影像相比较 Emerge 影像，在挪威杉样方中无论运用哪种算法其树冠检测和树冠边缘勾勒的精度都较低。虽然本章中所运用的 QuickBird 全色影像与 Emerge 影像具有相同的 60 cm 的像元大小，影像获取时由于大气条件以及成像时入射天底偏角较大等几何特性的影像，其实际分辨率很可能比 60 cm 低。卫星影像相对于航空影像，优势在于可以在更广阔的范围内获取影像，然而，其实际影像分辨率相比航空影像要低，这使得单株立木树冠的目视判别更加困难。QuickBird 全色波段影像中单株立木并不容易被识别，其另一个重要原因与较大的天底偏角造成树冠投影差特性相关。采集图像时较大的天底偏角夸大了照度的差异，以至于使树冠形状并非呈圆形，而是呈月牙形。许多算法都基于影像中的亮度峰值代表树冠顶部，而亮度向树冠边缘的方向逐渐降低的假设，然而，此假设并不适用于影像中呈月牙形的树冠。并且，在天底偏角较大的影像中，由算法勾勒的边界与实际的树冠边界并不一致，因此估算的树冠冠幅与实际冠幅相联系具有一定的困难。

几乎所有的商业高分辨率卫星——已有的或者即将发射的——均利用可倾斜观测的传感器，使得数据的快速收集成为可能。这导致了一系列天底偏角较大的影像产生，那么在分析影像中就会隐含着随之而来的问题。然而，随着高分辨率卫星影像越来越广泛的使用、成本不断降低，以及较广的覆盖范围，在林业中利用此类数据不可避免。而现有的算法并不能有效地解决由此类数据带来的问题。因此，我们不仅需要一个可操作的算法来进行准确的树冠边缘勾勒，而且我们需要建立新的算法，能够在天底偏角较大的影像上，根据月牙形的树冠参数间接地推算树冠冠幅。

单株立木树冠分析并不仅局限于光学影像，近年来有研究发现利用高分辨率影像和高点云密度 LIDAR 数据的协同能更高效、更准确地进行树冠检测和勾勒（Leckie et al.，2003）。随着 LIDAR 数据越来越广泛的应用，以及成本的降低，协同利用两种数据源将在今后的研究和应用中成为一个具有潜力的方向。

4.6 结 论

利用高空间分辨率遥感影像进行单株立木树冠自动识别与勾勒的研究近年来已经吸引了广泛的注意。目前相关研究已经提出了很多算法，并且应用于一系列森林类型中，并且利用不同的评估方法进行评价。在本章中，我们提出了一个标准的精度评估框架，在这个框架下我们运用同样的影像数据比较了三种最具代表性的算法，另外将三种算法分别应用于针叶林、阔叶林林分上进行比较。这个精度评估框架完整地表征了树冠识别情况，同时考虑了树冠的位置以及树冠参数的估算精度，并且考虑了林分尺度上的以及单株立木尺度上的算法性能。研究结果显示，当算法应用于同龄的、均匀分布的针叶林林分上时，三种算法均能有效地勾勒出树冠的边缘；而对于阔叶林树冠来说，则三种算法效果均较差。在三种算法中，对于挪威杉林分，Culvenor（2002）提出的区域生长算法得到的树冠检测和边缘勾勒精度最高，生产者精度和用户精度均达到 70%，另外冠幅估算的 RMSE 达到 15%；然而在阔叶林地上，此算法造成了较大的错分误差，这主要归结于算法对于林冠反射率的较大差异比较敏感。所有的算法在 Emerge 垂直航空影像上的性能优于 QuickBird 全色影像。在 QuickBird 全色波段影像上，由于树冠为圆形形状的基本假设不再成立，因此在进行单株立木树冠勾勒时的精度较低。今后的研究可以利用影像模拟技术来辅助研究不同的环境条件对于树冠勾勒的影响。

利用统一的精度评估方法对现有算法的分析表明，每种算法都存在优势和劣势；而所有三种算法在天底偏角较大的影像上，

遥感技术在自动化森林资源清查中的应用研究

以及当树冠分布非常密集的情况下均存在问题。因此我们建议今后的研究可以包括以下三个方面：①将现有算法的优势相结合而开发一种自适应的算法；②除了树冠的光谱规律以外，充分利用树冠的大小、形状以及颜色特征，并且充分利用专家知识提高算法在不同密度林分上，针对不同冠幅树冠的检测和勾勒精度；③有针对性地考虑阔叶林树冠的勾勒方法。为了更有效地利用高分辨率卫星遥感影像，我们同样有必要提出在不同的成像条件下通过勾勒出来的树冠来估算实际树冠大小的方法。

参考文献

[1] Brandtberg T，Warner T A，Landenberger R E，et al. 2003. Detection and analysis of individual leaf-off tree crowns in small footprint，high sampling density lidar data from the eastern deciduous forest in North America[J]. *Remote Sensing of Environment*，85：290-303.

[2] Bunting P，Lucas R M. 2006. The delineation of tree crowns in Australian mixed species forests using hyperspectral Compact Airborne Spectrographic Imager （CASI）data[J]. *Remote Sensing of Environment*，101：230-248.

[3] Chen Q，Baldocchi D，Gong P，et al.2006. Isolating individual trees in a savanna woodland using small footprint lidar data[J]. *Photogrammetric Engineering and Remote Sensing*，72：923-932.

[4] Culvenor D S. 2002. TIDA：an algorithm for the delineation of tree crowns in high spatial resolution remotely sensed imagery. *Computers & Geosciences*，28：33-44.

[5] Erikson M. 2004. Species classification of individually segmented tree crowns in high-resolution aerial images using radiometric and morphologic image measures[J]. *Remote Sensing of Environment*，91：469-477.

[6] Erikson M，Olofsson K. 2005. Comparison of three individual tree crown detection methods[J]. *Machine Vision and Applications*. 16：258-165.

[7] Fransson J E S，Walter F，Ulander L M H. 2000. Estimation of forest parameters using CARABAS-II VHF SAR data[J]. *IEEE Transaction of Geoscience and Remote Sensing*，38：720-727.

[8]   Gougeon F A. 1995. A crown-following approach to the automatic delineation of individual tree crowns in high-spatial resolution aerial images[J]. *Canadian Journal Remote Sensing*，21：274-284.

[9]   Gougeon F A. 1997. Recognizing the forest for the trees - Individual tree crown delineation，classification and regrouping for inventory purposes. *Proceedings of the 3rd International Airborne Remote Sensing Conference and Exhibition，Copenhagen，Denmark，1997（Ann Arbor，ERIM）*，2：807-814.

[10]   Gougeon F A，Leckie D G. 2003. Forest information extraction from high spatial resolution images using an individual tree crown approach. *Information Report BC-X-396，Natural Resources Canada，Canadian Forest Service，Pacific Forestry Centre*，5-10.

[11]   Gougeon F A，Leckie D G. 2006. The individual tree crown approach applied to IKONOS images of a coniferous plantation area[J]. *Photogrammetric Engineering and Remote Sensing*，72：1287-1297.

[12]   Hay G J，Castilla G，Wulder M A，et al. 2005. An automated object-based approach for the multiscale image segmentation of forest scenes[J]. *International Journal of Applied Earth Observation and Geoinformation*，7：339-359.

[13]   Holmgren J，Persson A. 2004. Identifying species of individual trees using airborne laser scanner[J]. *Remote Sensing of Environment*，90：415-423.

[14]   Kay S，Léo O，Peedell S. 1998. Computer-assisted recognition of Olive trees in digital imagery，Space Applications Institute，JRC of the European Commission. Available online at：http://agrifish.jrc.it/Documents/Olivine/COMPUTER-ASSISTED %20RECOGNITION%20OT%20OT.htm（accessed 14 July，2008）.

[15]   Larmar W R，McGraw J B，Warner T A. 2005. Multitemporal censusing of a population of eastern hemlock（Tsuga Canadensis L.）from remotely sensed imagery using an automated segmentation and reconciliation procedure[J]. Remote Sensing of Environment，94：133-143.

[16]   Larsen M，Rudemo M. 1998. Optimizing templates for finding trees in aerial photographs[J]. *Pattern Recognition Letters*，19：1153-1162.

[17]   Leckie D G，Gougeon F A，Hill D，et al. 2003a. Combined high-density lidar and multispectral imagery for individual tree crown analysis[J]，*Canadian Journal of Remote Sensing*，29：633-649.

134

[18] Leckie D G, Gougeon F A, Walsworth N, et al. 2003b. Stand delineation and composition estimation using semi-automated individual tree crown analysis[J]. *Remote Sensing of Environment*, 85: 355-369.

[19] Leckie D G, Jay C, Gougeon F A, et al. 2004. Detection and assessments of trees with Phellinus weirii（Laminated root rot）using high resolution multispectral imagery[J]. *International Journal of Remote Sensing*, 25: 793-818.

[20] Leckie D G, Gougeon F A, Tinis S, et al. 2005. Automated tree recognition in old growth conifer stands with high resolution digital imagery[J]. *Remote Sensing of Environment*, 94: 311-326.

[21] Meyer F, Beucher S. 1990. Morphological segmentation[J]. *Journal of Visual Communication and Image Representation*, 1: 21-46.

[22] Pollock R J. 1998. Individual tree recognition based on a synthetic tree crown image model//Hill D A, Leckie D G. Proceedings of the International Forum on Automated Interpretation of High Spatial Resolution Digital Imagery for Forestry.

[23] Victoria. BC: Canadian Forest Service, Pacific Forestry Center. 25-34.

[24] Pouliot D A, King D J. 2005. Approaches for optimal automated individual tree crown detection in regenerating coniferous forests[J]. *Canadian Journal of Remote Sensing*, 31: 255-267.

[25] Pouliot D A, King D J, Bell F W, et al. 2002. Automated tree crown detection and delineation in high-resolution digital camera imagery of coniferous forest regeneration[J]. *Remote Sensing of Environment*, 82: 322-334.

[26] Pouliot D A, King D J, Pitt D G. 2005. Development and evaluation of an automated tree detection-delineation algorithm for monitoring regenerating coniferous forests[J]. *Canadian Journal of Forest Research*, 35: 2332-2345.

[27] Pugh M L. 2005. Forest Terrain Feature Characterization using multi-sensor neural image fusion and feature extraction methods. Ph.D. Dissertation, State University of New York College of Environmental Science and Forestry.

[28] Sheng Y, Gong P, Biging G S. 2003. Model-based conifer canopy surface reconstruction from photographic imagery : overcoming the occlusion , foreshortening, and edge effects[J]. Photogrammetric Engineering and Remote Sensing, 69: 249-258.

[29] Walsworth N A，King D J. 1999. Comparison of two tree apex delineation techniques. *Proceedings of the International Forum on Automated Interpretation of High Spatial Resolution Digital Imagery for Forestry*，*D.A. Hill and D.G. Leckie，Eds.，Victoria，British Columbia，Canada，February 1998*，93-104.

[30] Wang L，Gong P，Biging G S. 2004. Individual tree-crown delineation and treetop detection in high-spatial resolution aerial imagery[J]. *Photogrammetric Engineering and Remote Sensing*，70：351-357.

[31] Wulder M，Niemann K O，Goodenough D G. 2000. Local maximum filtering for the extraction of tree locations and basal area from high spatial resolution imagery[J]. Remote Sensing of Environment，73：103-114.

第 5 章　基于主动轮廓模型和爬山算法的树冠检测和勾勒方法

本章提出一个新的可适用于多种遥感成像条件的单株立木树冠自动检测和勾勒方法。此方法使用基于区域信息的主动轮廓提取树冠区域，随后通过同时考虑树冠的光谱特征和形状特征进行树冠顶部检测。基于提取的树冠顶部位置，使用一种新的爬山算法（Hill-Climbing，HC）将树冠像素分割成树冠集群。我们将此新方法应用于覆盖挪威杉林分的三幅影像中：2001 年采集的Emerge 真彩色航空垂直影像、2004 年采集的入射角为 11°的QuickBird 卫星遥感影像，以及 2006 年采集的真彩色航空正射影像。与现有的区域生长算法相比，新方法在三种图像类型中对树冠提取的精度均提高了 10%以上，并能够提供准确的冠幅估测值，这可为进一步基于冠幅的林木蓄积量估算、林木种群分类和树木健康分析提供准确的输入参数。

5.1 引 言

　　成功的森林管理对于生态系统以及社会经济的发展具有十分重要的意义，而对森林信息进行准确、及时、完整的提取则是森林管理成功的关键所在。单株立木的相关参数，比如树木的位置、胸径（DBH）、树高、树冠大小及树种等为森林提供了重要的信息（Kangas et al.，2006）。与传统的森林资源实地清查以及对航空影像进行目视解译的方法相比，大量且低成本的亚米级航空影像以及卫星影像为森林资源清查节省了大量时间以及人力财力成本。近年来，许多学者提出各种图像处理方法应用于单株立木树冠的自动检测和树冠边缘勾勒方法。这些方法使冠幅信息的自动估测以及林冠郁闭度的估测成为可能，并可进一步应用于为森林的树种分类以及森林健康状况监测（Leckie et al.，2005）。此外，这种方法将有助于我们进行森林林分特征提取以及进行森林生态系统 GAP 分析（Gougeon et al.，2003；Leckie et al.，2003）。

　　当前大多数树冠检测和勾勒方法主要基于在高分辨率遥感影像（GSD 为 30 cm～1 m）中树冠所展现出的反射率分布特征来进行。对于具有圆锥形状的树冠来说，由于树冠顶部的太阳照度更大，因此亮度较大的像元对应于树顶。越接近树冠边界的像元反射率越低，在亮度较高的树冠像元周围包裹的亮度较暗的像元代表由邻近树冠投射的阴影，或者由双向反射效应造成的阴影。在垂直影像中，即影像为天底观测影像，近似圆锥形的树冠展现出圆形形状，树顶则对应于树冠中心的像元。基于这种反射规律，当前的算法可大致分为以下三类：①检测局部亮度最高值作为树顶，并且利用边缘检测的方法搜寻树冠边缘（Walsworth et al.，1999；Pouliot et al.，2002；Erikson，2004；Wang et al.，2004）；②检测局部亮度最低值并且由此追踪树冠边缘（Gougeon，1995；Leckie et al.，2005）；③同时检测局部亮度最高值作为树冠顶点以及亮度最低值以帮助定义树冠区域（Culvenor，2002）。

除了树冠在影像中呈现的反射规律，树冠的形状信息也被使用到树冠检测与边缘勾勒的方法中。比如 Wang 等（2004）中提到的算法，该算法认为树顶处于树冠的中心；Gougeon（1995）提出的算法认为树冠的形状是凸边形。在现有文献所述的方法中，大部分方法是基于机载高分辨率传感器采集的针叶林影像，只有少部分运用了卫星影像。Ke 等（2010）发表了对三种方法的比较分析：分水岭分割算法（Wang et al.，2004）、区域生长算法（Culvenor，2002）以及低谷跟踪算法（Gougeon，1995）。这三种方法代表了上述三类树冠提取和勾勒的方法。通过分析证明尽管区域生长算法对树冠检测与勾勒达到的精度最高，但仍然只有70%的树冠被成功勾勒出来。对于入射天底偏角较大的卫星图像，三种方法的精度均比垂直航空影像要低。

许多研究发现尺度问题是影响树冠提取和边缘勾勒结果的主要因素（Brandtberg，1998；Culvenor，2000；Pouliot et al.，2002，2005）。在这些研究中，尺度主要指图像空间分辨率和树冠大小之间的关系。在甚高分辨率图像（即 5～15 cm GSD）中，会呈现太多的细节信息，比如单个树冠内部会呈现出过多的树枝和阴影，这往往会使单个树冠被分割成好几个。然而，当分辨率降低时，树冠区域和背景区域的反射率差值同样减小，冠幅较小的树冠也不容易被检测到。Pouliot 等（2002）的研究分析得到最佳的树冠冠幅和像素比例是 15∶1。当该比率值过大时，需要重新确定树冠检测的最优尺度，确保小树冠能够被检测到，同时又不受树枝造成的过多细节信息的影响（Brandtberg，1998；Culvenor，2000；Pouliot et al.，2005）。在这些研究中，针对成熟针叶林分的单株立木树冠检测与勾勒，使用频率最高的影像 GSD 为 50～100 cm（Wang et al.，2004；Leckie et al.，2004；Bunting et al.，2006；Pollock，1999；Culvenor，2002；Wulder et al.，2000）。

本章旨在建立一个可应用于多种成像条件下的基于高分辨率遥感影像的单株立木树冠检测与勾勒的算法。这种新方法使用主动轮廓模型（Kass et al.，1987），并进一步采用爬山法在不同几何条件下成像的高分辨率遥感影像中进行树冠检测与边缘勾勒。将这种新的算法的评价分为两个方面来进行：①将算法应用于不同针叶林样方和不同传感器采集的遥感影像，以分析算法在不同森林条件、不同成像条件下的性能；②将此算法与现有的区域生长算法（Culvenor，2002）进行比较，评价算法的性能。

5.2 数据收集

5.2.1 研究区和影像

研究区域位于纽约上州锡拉丘兹以南约 33 km 的海博格纪念森林（Heiberg Memorial Forest）（42.75°N，76.08°W）。海博格森林占地大约 1 600 hm^2，隶属于纽约州立大学环境科学与林业学院（SUNY ESF）。研究区域覆盖了建立于 1931 年的三块挪威杉林班。建立林班时，树龄为 3 年的幼树以 2 m×2 m 的等宽距离种植在林班内。本章中，我们依据林班中间伐措施的不同选取了三个样方：样方 1 于 1979 年至 1980 年间伐；样方 2 于 1980 年在林分内部进行间伐，但在路两旁的树并未经过间伐；样方 3 于 1985

年进行间伐。

　　本研究将算法运用于三幅覆盖研究区域，而由不同传感器获取的高分辨率影像。第一幅为数字正射影像，影像从纽约州数字正射影像项目网站（http://www.nysgis.state.ny.us）上下载，影像于 2006 年 4 月使用 Intergraph Digital Mapping Camera（DMC）传感器获取，为 8 bit 真彩色数字影像，GSD 为 0.61 m，水平位置精度为 2.4 m。第二幅影像于 2004 年 8 月由 QuickBird 传感器采集，成像时的卫星视角为 11°，为 11 bit 全色卫星图像，原始影像采用最邻近法进行重采样使分辨率达到 0.6 m。第三幅影像为 Emerge 机载传感器于 2001 年 10 月采集的真彩色垂直影像，影像辐射分辨率为 8 bit，像素分辨率为 0.6 m。以上三种影像均转换为 WGS84 UTM 18N 区坐标系。将原始影像进行裁剪，以覆盖 3 个研究区（图 5-1）。

 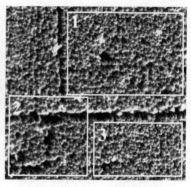

（a）正射影像（绿色波段）　　　　（b）QuickBird 全色波段影像

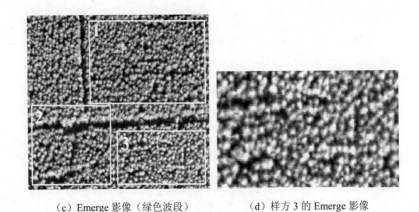

(c) Emerge 影像（绿色波段）　　　（d）样方 3 的 Emerge 影像

图 5-1　挪威杉样方影像

5.2.2　参考数据

　　由于三幅影像数据采集的时间和成像条件的不同，我们对每一幅影像分别生成了参考数据。森林工程专业的专业测绘人员分别通过手工勾勒出每幅影像中的树冠，在电脑屏幕显示的影像中计算单株立木的数目。在每幅影像中三位解译人员计算的树木数量相对差不超过 10%。使用平均数量作为指导，将其中一位解译人员在 ArcGIS 中手动勾勒的树冠边界多边形作为参考图层。在 Emerge 图像和数字正射影像中，树冠直径参数基于树冠的形状为圆形区域的假设而计算。由于在 QuickBird 图像中树冠的月牙形状，我们将不计算树冠的直径，而只考虑树冠的面积。Gong 等（2002）提出一种从入射天底偏角影像中估测针叶林树冠参数的优化方法。然而，此算法主要针对稀疏林，并且需要立体像对，因此不在此研究中考虑。在每幅影像中树冠的具体统计参数通过手工勾勒出并在表 5-1 中列出。

表 5-1　参考树冠参数统计

样方编号	数字正射影像（2006 年 4 月）			QuickBird 全色影像（2004 年 8 月）			Emerge 影像（2001 年 10 月）			样方 3 中 60 m×60 m 工作区域（2008 年 7 月）		
	参考树冠数量	树冠直径/m 均值	标准差	参考树冠数量	树冠面积/m² 均值	标准差	参考树冠数量	树冠直径/m 均值	均值	参考树冠数量	树冠直径/m 均值	标准差
1	597	3.64	0.72	611	6.85	3.08	619	2.95	0.66			
2	320	3.89	0.81	333	7.57	3.40	342	2.96	0.78			
3	305	3.51	0.65	326	6.56	2.81	317	2.92	0.69	220	3.64	0.89

　　我们于 2008 年 7 月采集了样方 3 中的实地参考数据，以支持数字正射影像的分析。林地管理人员证实从 2006 年 4 月—2008 年 7 月该样方中的树木没有显著的变化，因此我们认为此时现场林地的采集和 2006 年获取遥感影像间的比较是合理的。然而，由于 QuickBird 和 Emerge 影像采集时间（分别为 2004 年和 2001 年）与地面测量时间相隔较长，因此此次野外采集的数据不适宜作为这两幅影像的参考，因此本次研究重点将关注在数字正射影像上应用实地数据。在样方 3 中建立 4 块 30 m×30 m 的样方，形成两块 60 m×60 m 的工作区域。在每个实地样方中我们测量并记录了每棵树的位置、DBH、数高和树冠的直径。在此次实地测量中，一共测量了 220 棵树，树冠直径平均为 3.64 m（表 5-1）。在 ArcGIS 中通过树木的位置和测量参数建立点图层。在实地测量中，我们发现在过去 3~4 年中，一些树木死亡，这也可以解释在数字正射影像中由手工勾勒的树木数量比其他影像中少的原因。

5.3 方法

算法的技术路线如图 5-2 所示。整个算法的输入为灰度图像。对于数字正射影像和 Emerge 影像，我们采用绿色波段。采用的主要依据是因为在绿色波段树冠和树冠之间的阴影间呈现的差异最大，并且在初步分析中显示出最佳的树冠检测与勾勒结果。本算法分为三个基本步骤：①利用基于区域的主动轮廓模型对整个影像进行分割，将树冠区域和背景分开，同时将所有树冠的边界区域初步勾勒出来。②将树顶检测算法应用在第一步勾勒出的树冠区域找到每棵树的树冠顶部。我们在此步骤中将充分考虑单个树冠图像的光谱和形状信息，并采用专家知识提高树冠检测精度。③基于第二步树顶检测的结果，采用爬山算法将树冠区域精确检测勾勒出来。后面我们将会对每一步骤进行详细阐述。

5.3.1 图像分割：主动轮廓模型

在计算机图像领域，主动轮廓模型自 1987 年由 Kass 等提出至今，已成功应用于图像分割领域。许多研究已证实主动轮廓模型比传统边界检测方法更有优势（Xu et al.，2000），其对象边界的检测精度可达到亚像元级，并且分割出来的边界更规则（Tsai et al.，2003）。主动轮廓模型的思想是先将图像初始化为一个闭合曲线轮廓，通过能量的控制使闭合曲线的形状不断演化，最终达到图像中对象的边界。能量公式可以考虑图像的像素梯度和轮廓特性（即基于边界的模型），也可考虑对象和背景区域强度特性（即基于区域的模型），当能量公式达到最小值时，闭合曲线演化停止，对象边界形成。由于基于区域的主动轮廓模型不依靠图像像素梯度，因此在边界较不明显的对象分割中，比基于边界的模型更有优势（Li et al.，2007）。

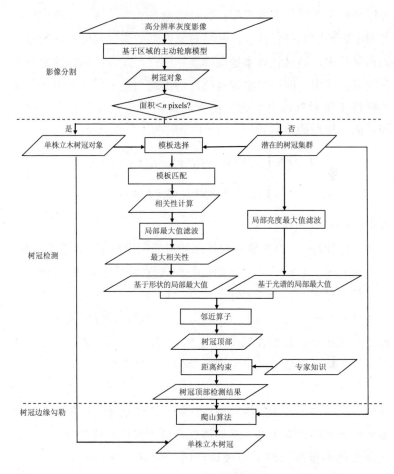

图 5-2　算法技术流程

注：n 为树冠面积阈值；正射影像：$n=30$；QuickBird 和 Emerge 影像：$n=25$。

在本章研究中，我们采用 Li 等（2007）提出的基于区域的主动轮廓模型。采用该主动轮廓模型的原因如下：①影像中树冠和背景区域的灰度值差异不明显，在这种情况下基于区域的主动轮廓模型优于基于边界的模型；②在能量公式中，该主动轮廓模型考虑了影像的局部特征，由此将对象内部的像元强度不均匀性考虑在算法中，通过包含本地图像属性信息，此方法更好地解释了在能量公式中，同一对象像素亮度的不均匀性，因此该方法会大大降低了将对亮度方差较大的大树冠错误分割成若干个小树冠的可能。模型能量公式如式（5.1）所示：

$$E_x = \lambda_1 \int_{in(C)} K(x-y)|I(y)-f_1(x)|^2 \, dy +$$
$$\lambda_2 \int_{out(C)} K(x-y)|I(y)-f_2(x)|^2 \, dy \tag{5.1}$$

式中：I —— 图像灰度；

λ_1 和 λ_2 ——内部能量和外部能量的因子权重，为正的常数；

$f_1(x)$、$f_2(x)$——在点 x 附近与图像强度相吻合的两个值。

整个轮廓 C 的演化基于水平集（Level Set）理论，当水平集函数使能量方程达到最小时，利用水平函数的零值来表示最终轮廓 C。水平集函数值在轮廓处为 0，在轮廓外为正值，在轮廓内为负值。树冠对象可通过像素为负值的规则提取出来。

如图 5-3 所示，主动轮廓模型较为准确合理地定义了树冠区域边界。当在出现相邻树冠彼此接触覆盖的情景，该模型不能准确地将相邻的树冠分开，然而能够将树冠群落彼此分开。因此，在此步骤中提取的树冠对象包括区域中可区分的单个树冠和树冠群落。通过仔细检查分割对象中独立的、容易辨别的且面积在参考树冠面积范围内的单株立木树冠来确定树冠面积阈值 n（表5-1）。采用该准则，在正射影像中分割对象面积少于 30 个像素的树冠区域对象被归为单株树树冠类别，而大于 30 个像素的树冠区域被确认为潜在的树冠群落，这种树冠区域可能是单个大树冠，也可能是若干个重叠在一起的树冠。与此类似，在 Emerge 和 QuickBird 影像中 25 个像素被选定为面积阈值。

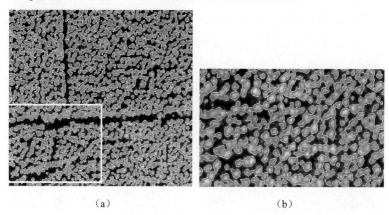

(a)　　　　　　　　　　　　　　(b)

图 5-3 （a）Emerge 影像中由主动轮廓模型划分的树冠（或树冠集群）区域边界；样方 3 的边界由白色方框显示；（b）经放大后的样方 3 影像

5.3.2　基于光谱—形状—先验知识的树顶检测

算法的第二步为树顶检测，该环节包括多个步骤，同时考虑树冠反射规律、形状规律以及专家先验知识检测树来进行树顶定位。

（1）基于光谱信息的局部最大值检测

对于树顶检测，首先，我们使用 3×3 的移动窗口对整幅影像进行逐行扫描，如果移动窗口的中心像素在此窗口区域亮度值最高，则此像元被认作局部亮度最大值像元（Wulder et al., 2000）。选定 3 个像元大小的窗口可确保能够检测出小树冠；然而，大树冠会经常显示出多个局部最大值，错误检测出来的树顶会在之后的步骤中逐步去除。

（2）基于形状的树顶检测结果改进

在整幅图像中，通过模板匹配的方法在目标图像中搜索与模板匹配的图像对象（Gonzalez et al.，2008），因此，此种模板匹配的步骤可以捕获图像中对象的形状信息。在 Quackenbush 等（2000）的研究中，首先从机载高分辨率遥感影像中手工选择一些典型树冠，然后使用覆盖该典型树冠的窗口中相应的亮度信息建立一系列对象模板。将模板和图像进行相关性计算，那些达到最大值的位置将被作为树冠区域。在该研究中，模板为方形，包括了树冠像元及其周围的背景像元。然而，当背景像素被包含在模板中时，如果相邻树冠之间的间隙不一致，则该模板在相关性计算中并不能很好识别单个树冠。在本章中，我们将使用单个树冠作为模板，并仅使用树冠内部的像元进行相关性计算。我们手动选择了 10 个模板，模板的选择基于两个来源：在图像分割中代表小树冠的单株树木的树冠，以及分割中被认为是潜在的树冠群落，而被解译人员认定为单个大树冠的对象。所选择的 10 个模板能够代表大部分树冠面积。对于每个模板匹配中计算的 Pearson's 相关系数被分配到模板的几何中心。这样可以保证相关计算的最大值落在树冠的几何中心，这也与模板树冠的形状和光谱特性吻合。

每一个模板通过和图像匹配后产生一个相关系数图层。我们通过对 10 层图像分别计算最大相关信息计算，并选择其中每个像素计算的最大值，创建一个最大相关信息层。一个 3×3 窗口被使用在最大相关系数图层去寻找树冠对象区域中基于形状的最大值。

在之前的步骤中，基于光谱的局部最大值检测树冠顶部可能会产生单个树冠内部包含多个树顶的情况。因此，在这一步，我们认为只有当基于形状的最大值像元和基于光谱的最大值像元位置上邻近时，这个像元才是树冠顶点。我们利用 3×3 邻近算子来寻找邻近的两种最大值像元，3×3 窗口也定义了两类最大值像元的最大允许距离。

（3）基于先验知识的树顶信息改进

最后一步是结合树林中树间距的先验知识进一步改进上述两步得到的树顶位置的结果，这一步对于种植园尤其重要。在我们的研究区域里，挪威杉幼树最初以 2 m×2 m 的等宽间距种植，因此，我们假设树顶间的距离不会少于 2 m，在图像中，大约为 3 个像素的距离。在此限制下，我们认为相距太近的树顶，其中亮度较低的树顶为错误树顶，而仅仅保留另一个树顶。因此，最终检测出来的树顶具有局部亮度最大值，不仅代表了样区内典型树冠的形状，而且具有最可能的位置。这些最终选择出来的树顶被标示出来作为下一步勾勒树冠的输入图层。

5.3.3　基于爬山法的树冠边缘勾勒

使用主动轮廓模型找到的树冠区域包含单个树木的树冠区域和多个树冠的群落。上一步中我们在树冠群落中寻找到单个树木的顶点，这一步的目标是通过爬山法将单个树木的树冠在树冠群落中隔离开来。在数值计算中，爬山法是一种优化算法，目的是通过每一步都改进现有的状态而找到目标方程的最大值（Huang et al.，1995）。这个算法被使用在针对 LIDAR 数据（Persson et al.，2002）和甚高分辨率的机载遥感影像中（Pouliot et al.，2005）定义树冠区域并且寻找树冠顶点。本章中使用的爬山法和传统的爬山法有以下几点显著不同：①本章中使用的爬山法的最高点，即树顶，已知。

②本章中使用的爬山法关注于如何找到一条在从树冠对象中的每个像元"爬到"树顶的路径，从而可以将此像元归属于此树顶。图5-4（a）显示了两个树冠对象区域中图像的三维立体图，横轴代表影像坐标，纵轴代表亮度值，图像中已经寻找到两个树顶的位置。对于树冠区域的每个像元来说，我们需要将其归属为相应的树顶上。因此，这个方法将树冠区域中的像素划分到各个树顶。我们可以将这个新算法理解为将一个移动点每次只移动一步（即一个像素的距离），基本的划分原则是让每个点爬到山的顶点（即已经确定的树顶），然后将这个点划分到爬到的山顶。

具体来说，爬山法包括以下几条基本规则：

规则1：移动点每次只能向上移动。

规则2：如果一个移动点可以到达多个树顶点（比如移动点处于两个山峰之间的谷底），那么它必须选择其中最短的路径，而相应的树顶点则是该移动点所属树冠的顶点。

尽管有以上两个规则，在一些情况下，移动点仍有可能不会"爬"到其中任何一棵树的顶点（比如在图5-4（b）中的P1点）。这种场景一般出现在一个树冠有多个峰值，但只有一个树顶被检测到的情况。在这种情况下，我们定义了第三条规则。

规则3：对于一个移动点，如果在下一步和当前位置间的像素差值小于事先定义的阈值，则允许移动点可向下移动并继续向顶点"爬行"。

阈值的选择由图像中亮度的强度值决定。对于 Emerge 影像和正射影像，阈值定义为5；对于 QuickBird 图像，由于图像亮度方差较大，阈值定义为10。每个像素依据其相应的树顶标注为相同的标识。

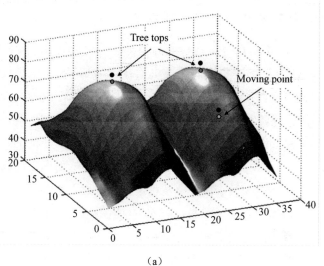

(a)

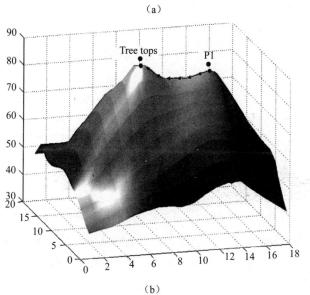

(b)

图 5-4　（a）树冠对象影像的三维显示，该区域有两个树冠顶点（tree tops）；

（b）只有一个树冠顶点的树冠对象三维显示

第 5 章　基于主动轮廓模型和爬山算法的树冠检测和勾勒方法　　**151**

5.3.4　比较方法：区域生长算法

　　基于第 4 章所述树冠检测与勾勒算法对比研究，我们得到
Culvenor（2002）中提出的区域生长算法在现有典型三种算法中
精度最高。因此，在本章中我们将该算法与新算法进行比较，验
证新算法。区域生长方法是一种对图像进行分区以识别对象的图像
分割方法。Culvenor（2002）的研究中通过寻找四个方向（N—S、
E—W、NE—SW、NW—SE）上的局部亮度顶峰而确定局部最亮
像素点，从而作为种子像元。从种子像元开始，相邻像元被逐一
检查，并增加到与种子像元对应的生长区域，直到下一个像元的
亮度低于事先确定的阈值，这个阈值由平均局部最高值及一个比
例因子决定；或者下一个像元到达预先指定的局域最低值网络，
在我们的研究中，我们严格遵守在 Culvenor（2002）中描述的算
法，在我们的实践中，这个比例因子我们选择 0.5，这是因为该
比例因子在三幅影像中均实现了较好的结果。

5.4　结果和讨论

5.4.1　目视评估

　　将新算法应用在研究中的三幅影像所得出的结果见图 5-5 所
示。总的来说，对于三幅影像，该算法可以将大部分挪威杉树成功
地与背景隔离开来并勾勒出轮廓。新算法可以在 QuickBird 图像中
提取出树冠的形状。同时，在三幅影像的树冠勾勒也显示了树冠生
长的过程：在 2006 年获得的正射影像中勾勒的树冠比 2001 年获得
的 Emerge 影像大一些。但是我们认为由于获取树冠影像日期的不

同所引起的森林状况差异并不会影响本项目的结果，这是因为我们的目标是准确勾勒出树冠的轮廓，因此在本项目中，我们会对每幅影像分别进行评估，而并不会刻意关注影像之间的不同。

（a）数字正射影像（2006 年 4 月）　　　（b）QuickBird（2004 年 8 月）

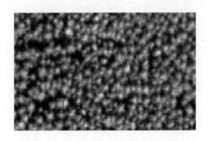

（c）Emerge 绿色波段影像（2001 年 10 月）

图 5-5　样方 3 中单株立木挪威杉树冠勾勒结果

注：红色多边形表示树冠边缘。

5.4.2　树木数量评估

在树木数量的评估比较中，两种算法得到的树木数量统计误差均在 15%以内，然而本章提出的算法在正射影像和 QuickBird 影像得到的误差比区域生长算法均更小（表 5-2）。区域生长算法在 QuickBird 影像上过量估计了超过 10%的挪威杉树，但新算法只有 1%的误差。区域生长算法对于树木数量的估计误差主要源于大树冠内部的亮度差异造成树冠内部产生多个亮度极值，从而将一个大树冠辨识为多个单个树冠。然而，由于新算法同时考虑了树冠的形状信息和树顶间的距离信息，新算法对于树木数量的估计结果更加准确。两种算法在 Emerge 影像上的树木数量估计与实际测量数据没有明显的差别（小于 1%的误差）。然而，在数字正射影像中，两种算法均过高估计了树木的数量，我们在分析中认为，在数字正射影像中大树冠更容易被两种算法辨识为多个小树冠，因此两种方法对树木数量估计均偏高。

表 5-2 树木数量估测结果和误差

样方编号	数字正射影像（2006 年 4 月）			QuickBird 全色影像（2004 年 8 月）			Emerge 影像（2001 年 10 月）		
	参考树冠数量	HC	RG	参考树冠数量	HC	RG	参考树冠数量	HC	RG
1	597	592（−0.8）	659（14）	611	604（−1.1）	661（8.2）	619	618（−0.2）	613（−1.0）
2	320	349（9.1）	362（13）	333	348（1.0）	367（10）	342	339（−0.8）	341（−0.3）
3	305	327（7.2）	333（9.2）	326	326（0）	354（8.6）	317	315（−0.6）	317（0）

注：括号中的数据为误差，单位为%。

5.4.3 单株立木树冠检测与勾勒结果评估

表 5-2 所示样方内部树木数量的误差显示了算法在树冠检测中的平均误差，然而这种误差表示方法会造成一定的误导，这是由于错分误差和遗漏误差在这种方法中会相互抵消。另外树木数量的准确度并不能反映树冠勾勒和实际树冠的匹配程度。在单株

遥感技术在自动化森林资源清查中的应用研究

立木的层面上，我们需要对树冠检测和树冠边界勾勒结果进行进一步评估，这个评估需要在参考树冠角度和勾勒树冠角度两个视角同时进行树冠检测误差分析。本书第 4 章提出了树冠检测与勾勒的精度评估框架，按照这个框架，参考树冠主要考虑每个参考树冠被勾勒的准确程度，而树冠勾勒视角主要反映了勾勒出的树冠代表参考树冠的准确程度。这个分析过程与 Leckie 等（2004）的方法类似，并将 Leckie 提出的方法进行延伸，提出基于对象的生产者精度和用户精度。

　　表 5-3 和表 5-4 分别总结了爬山法和区域生长算法，在每幅影像中的每个样方，参考树冠和勾勒树冠视角上的树冠勾勒误差频率。比如在表 5-3 中显示的爬山法结果，在数字正射影像图像中，样方 1 共有 597 个参考树冠，其中有 534 个参考树冠——每一个只与一个勾勒树冠相匹配[如在图 4-7（iii）和 4-7（v）中显示的场景]。在 592 个勾勒树冠中，有 527 个勾勒树冠——每一个对应于一个参考树冠[如图 4-7（iii）和 4-7（iv）中列举的场景]，同时有 44 个勾勒树冠——每一个树冠有两个参考的树冠与之对应。表 5-3 表明在某些场景下，一个参考树冠被多个勾勒树冠所覆盖（错分误差），但仍可以从勾勒树冠视角方面得出 1：1 的对应关系。因此从勾勒树冠视角方面，1：1 对应的树冠数量比从参考树冠的视角方面的 1：1 对应的数量要多。在表 5-3 中最右列表示从勾勒树冠和参考树冠两方面均呈现 1：1 对应关系的树冠数量，比如在样方 1 中，基于数字正射影像，利用爬山法可准确勾勒 458 棵单株立木。

　　通过比较不同的勾勒误差情况，我们发现对于爬山法主要的误差来源是 1：2 遗漏误差和 2：1 的错分误差造成。比如，在样方 1 中，利用爬山法只有 15 个参考树冠没有被检测出来，但是有 47 个参考树冠被错误地分割为两个树冠。造成后者错分误差的主要原因是不规则形状的单个大树冠被检测出两个树冠顶点。另外一个勾勒误差的主要来源是两个参考树冠被勾勒为一个树冠，这主要是由于相邻的单个小树冠彼此重叠，仅有一个树顶被检测出来造成的。

在表 5-3 和表 5-4 所示爬山法和区域生长算法比较中，爬山法产生了更多的参考树冠和勾勒树冠之间 1：1 对应的情况，同时具有更小的遗漏误差（如 0：1 对应或者 1：2 对应）和错分误差（如 2：1 对应）。这种树冠检测结果评价表明，在树冠检测中，结合先验知识改进的基于光谱和形状的树顶检测比区域生长算法更加精确。

表 5-3　由爬山法对三幅影像进行树冠检测与勾勒的结果

样方编号	勾勒树冠：参考树冠									
	参考树冠视角					勾勒树冠视角				两个视角
	0：1	1：1	2：1	≥3：1	总数	1：0	1：1	1：2	1：(≥3)	总数	一一对应
数字正射影像（2006 年 4 月）										
1	15	534	47	1	597	19	527	44	2	592	458
2	4	264	48	4	320	16	295	37	1	349	217
3	0	285	20	0	305	19	291	17	0	327	261
总数	19	1 083	115	5	1 222	54	1 113	98	3	1 268	936
QuickBird 全色波段影像（2004 年 8 月）										
1	28	533	48	2	611	21	536	42	5	604	445
2	14	268	50	1	333	20	286	41	1	348	211
3	22	278	26	0	326	21	280	25	0	326	226
总数	64	1 079	124	3	1 270	62	1 102	108	6	1 278	882
Emerge 影像（2001 年 10 月）										
1	5	567	47	0	619	15	548	52	3	618	490
2	0	281	56	5	342	0	273	63	3	339	216
3	0	292	25	0	317	5	279	30	1	315	251
总数	5	1140	128	5	1 278	20	1 100	145	7	1 272	957

表 5-4 由区域生长算法对三幅影像进行树冠检测与勾勒的结果

样方编号	勾勒树冠：参考树冠										
	参考树冠视角					勾勒树冠视角					两个视角 一一对应
	0：1	1：1	2：1	≥3：1	总数	1：0	1：1	1：2	1：(≥3)	总数	
数字正射影像（2006 年 4 月）											
1	39	491	62	5	597	75	550	32	2	659	353
2	20	261	37	2	320	46	293	21	2	362	176
3	17	259	29	0	305	35	279	19	0	333	200
总数	76	1 011	128	7	1 222	156	1 122	72	4	1 354	729
QuickBird 全色波段影像（2004 年 8 月）											
1	42	447	102	20	611	34	549	71	7	661	362
2	30	216	72	15	333	20	292	51	4	367	161
3	20	227	68	11	326	9	299	41	5	354	174
总数	92	890	242	46	1 270	63	1 140	163	16	1 382	697
Emerge 影像（2001 年 10 月）											
1	10	540	65	4	619	59	448	88	18	613	378
2	10	279	46	7	342	30	238	64	9	341	179
3	8	269	30	10	317	29	248	33	7	317	223
总数	28	1 088	141	21	1 278	118	934	185	34	1 271	780

结果精度评价可进一步由 Larmar 等（2005）提出的树冠检测与勾勒的评价方法实现。Larmar 等（2005）将基于像素分类的用户精度和生产者精度评价进行延伸，将这两个精度概念应用于基于对象的分析。在我们的研究中，生产者精度定义为在参考树冠中，勾勒树冠一一对应（1∶1 对应）参考树冠所占比例；用户精度被定义为在勾勒树冠中和参考树冠一一对应（1∶1 对应）的勾勒树冠所占比例。新算法在正射影像和 Emerge 影像上实现了 75% 和 85% 的生产者精度和用户精度；在 QuickBird 图像中，精度约为 70%（图 5-6）。新算法相比区域生长算法对于树冠检测精

度来说，在三幅影像中均提高了 10%以上。在三个样方的比较中，无论采用哪种方法，样方 2 比另两个样方树冠检测精度都有所降低。经过详细分析，我们认为在地块 2 沿路边区域减少树木间伐导致在树冠大小上的不稳定和树木间更小的距离。

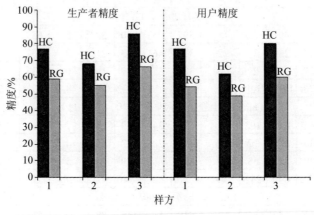

（a）数字正射影像

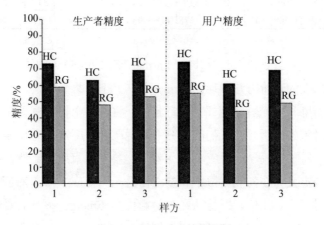

（b）QuickBird 全色波段影像

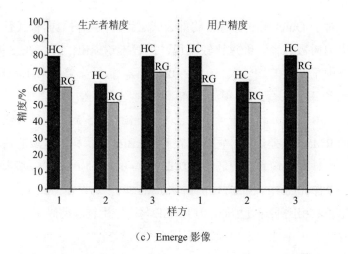

（c）Emerge 影像

图 5-6 爬山算法与区域生长算法的生产者精度与用户精度比较

5.4.4 冠幅（面积）估测评价

对于和参考树冠 1∶1 完全对应的勾勒树冠，可通过评价树冠直径（对于 Emerge 影像和正射影像）和树冠面积（对于 QuickBird 影像）的估算精度来评估树冠勾勒精度。冠幅估测精度由平均误差、平均绝对误差（MAE）以及均方根误差百分比（RMSE）与参考树冠平均直径（面积）的比例来表示。对于 Emerge 和正射影像，RMSE 的计算根据 Pouliot 等（2002）参照的公式：

$$\text{RMSE\%} = \frac{\sqrt{\sum (\text{del}_i - \text{ref}_i)^2 / n}}{\overline{\text{ref}}} \quad (5.2)$$

式中：n ——被正确勾勒出的树冠数目；

del_i ——第 i 个正确勾勒出的树冠直径估计值；

ref_i ——与之相对应的参考树冠的直径大小；

$\overline{\text{ref}}$ ——平均参考树冠直径。

对于 QuickBird 影像，将此公式进行修改以树冠面积代替公式中的树冠直径。经过比较发现，尽管本章提出的算法在 3 幅影像中平均误差均较大（0.24～0.42 m），但两个算法对 Emerge 图像和正射影像均实现了较准确的树冠直径估算，平均误差（0.03～0.42 m）均小于一个像素（0.6 m）（表 5-5）。两种方法产生的 RMSE 误差类似。同样，在 QuickBird 影像树冠区域的估测中，两种算法均具有较低的平均误差（−0.25～1.05 m^2），基本低于三个像元面积；本章提出的新算法得到的平均误差与 MAE 和区域生长法相比准确度稍低，但 RMSE 与区域生长法类似（表 5-5）。新算法对于单株立木树冠冠幅估算平均误差较大，这可归结于两种算法对于树冠定义方法不同。区域生长算法将树冠区域像素扩展，直到像素扩展到事先定义的树冠隔离网络，因此，在相邻树冠间，总会有至少一个像素宽的间距。因此，由于树冠间的隔离区域在手工树冠勾勒中已经实现，勾勒出的树冠区域和手工描绘出的参考树冠较准确地对应。与区域生长算法不同，本章的算法将树冠群落分割成多个单个树冠，因此，在树冠区域中的每个像素点都会归属到某棵树木的树顶上，因此树冠之间不会有明显的隔离区。可以预计的是，本章提出的算法在更浓密的树林条件中会取得更好的分类效果，这是由于在更浓密的树林条件中，相邻树木树冠间的隔离很不明显，差别往往不会超过一个像素的宽度。

5.4.5 基于地面参考的结果评估

由于在 2006—2008 年研究区域的森林条件没有明显变化，我们在 2006 年采集的数字正射影像上应用本章提出的算法和区域生长算法，并使用 2008 年在样方 3 上实地采集的树木信息（表 5-6）进行评估。

表 5-5 树冠冠径（面积）估计误差统计

样方编号	数字正射影像			QuickBird 影像			Emerge 影像		
	树冠冠径估测			树冠面积估测			树冠冠径估测		
	平均误差/m	MAE/m	RMSE/%	平均误差/m²	MAE/m²	RMSE/%	平均误差/m	MAE/m	RMSE/%
爬山算法									
1	0.29	0.43	14	0.42	2.30	38	0.32	0.47	20
2	0.27	0.43	14	1.03	2.41	42	0.42	0.55	21
3	0.37	0.44	15	1.05	2.05	39	0.24	0.43	17
区域生长算法									
1	0.05	0.39	14	−0.25	1.72	40	0.14	0.34	15
2	0.03	0.41	13	0.70	2.33	42	0.29	0.43	18
3	0.20	0.41	16	0.49	1.89	40	0.23	0.38	17

表 5-6 基于地面参考的算法评估

算法	树冠检测精度			树冠勾勒精度			
	勾勒树冠	与地面参考一一对应的勾勒树冠	正确勾勒的树冠	平均误差/m	MAE/m	RMSE/%	R
爬山法	224	178	169	0.06	0.36	8.0	0.82
区域生长算法	235	162	147	−0.08	0.49	11	0.73

在基于地面参考的树冠检测与勾勒结果评估中，我们仅考虑在一个勾勒出的树冠范围内只存在一个参考树干的场景。在我们实地测量的 220 棵树中，使用爬山法勾勒出的树冠中有 178 个树冠只包含一个参考树干；采用区域生长算法，有 162 个勾勒树冠对应一个参考树干的树冠。在参考树冠直径和相对应的勾勒树冠直径的比较中，我们发现爬山法中出现了 9 个异常值，在区域生长算法中，出现了 15 个异常值。出现这些异常值的主要原因是一些大树的树冠通常会分裂成若干个部分，从而造成在分析中参考直径对应了相邻若干个勾勒树冠加在一起。在移除这些异常值

后，169 个（77%）的地面参考树木和采用爬山法勾勒出的树木正确对应，而采用区域生长算法，正确对应的树木只有 147 个（67%）。爬山法和区域生长算法在正确检测出的树木中，均实现了较低的平均树冠直径误差（分别为 0.06 m 和–0.08 m）；然而本章所提出的新算法比区域生长算法实现了更低的 MAE 和 RMSE 误差（表 5-6）。区域生长算法通常会低估参考树冠的直径，这是由于该算法在相邻树冠间定义了一个或几个像素宽的局部最低点隔离网络，然而在浓密的树林中，隔离网络的宽度往往少于一个像素。

将勾勒出的树冠直径与实地测量的树冠直径进行线性相关性分析，可得出爬山法的相关系数为 0.82，相比区域生长算法的 0.73 相关系数而言，体现了更强的相关性（图 5-7）。通过最小二乘回归模型的分析，我们认为可以通过爬山法勾勒的树冠来预测实地采集树冠直径。通过爬山法得出的 R^2 为 0.69，而在区域生长算法中，R^2 仅为 0.53（图 5-7）。

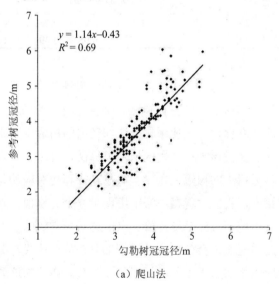

（a）爬山法

遥感技术在自动化森林资源清查中的应用研究

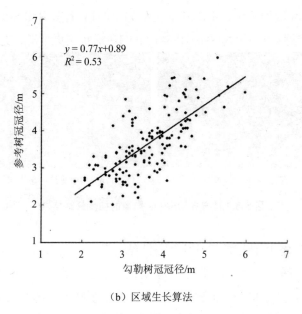

（b）区域生长算法

图 5-7　勾勒树冠冠径与参考树冠冠径的对应关系

5.5　算法评价

在本章中讨论的算法主要有三个基本步骤：①从背景中把所有树冠区域分离出来；②检测树顶；③将树冠勾勒出来。本算法的核心在于在每个步骤上均对现有算法进行了改进以克服现有算法的局限性。图 5-8 中比较了在 Emerge 图像上主动轮廓模型和传统阈值法分离树冠和背景结果。阈值法的主要局限在于我们需要预先选定阈值参数，并且这个值和之后的树冠勾勒质量密切相关。与主动轮廓模型不同，阈值参数应用于整幅图像中，并且并不考虑树冠在不同区域上的局部光谱差别。在初始的树冠

和背景区域划分中，主动轮廓模型划出的树冠区域[图 5-8（a）]
比阈值法划出的树冠区域[图 5-8（b）]在形状上更平滑、更准确。

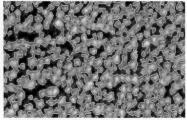

　　　（a）主动轮廓模型　　　　　　　　　（b）阈值算法，阈值=85

图 5-8　样方 3 Emerge 影像的初步分割结果

　　本研究中使用的树顶检测方法结合考虑了光谱信息、形状信
息以及有关最小林木间距的专家知识。基于光谱的局部最大亮度
值像元定义了局部山形树冠的顶点；基于形状的局部最大值可以
找到与之形状相似的树冠模板匹配后的几何中心：在 Emerge 和
正射影像中我们采用圆形模板，在 QuickBird 影像上采用月牙形
状模板。

　　表 5-7 比较了分别使用基于光谱和基于形状的树冠检测结
果，结合使用光谱和形状信息但不考虑专家知识的树冠检测结
果，以及同时考虑光谱、形状以及专家知识的树冠检测结果。单
独使用光谱或者空间极值信息通常造成树冠数量被高估，结合考
虑二者则会降低错误的树顶数目。专家知识的引入则进一步改进
了检测结果，产生了更准确的树冠数量估测。尽管在林木管理中，
树木间的距离信息非常有意义，但在自然形成的树林中，树木间
的距离并不是一个经常使用的参数。然而树林条件信息，比如通
过实地勘探采集到的林木密集度，依然可以用来作为专家信息改
进树冠检测的结果。

表 5-7　Emerge 影像中树顶检测方法比较

样方编号	参考树冠数量	基于光谱的局部最大值	基于形状的局部最大值	同时基于光谱和形状的局部最大值（未考虑专家知识）	本文的树顶监测算法
1	619	735	694	657	618
2	342	459	423	370	339
3	317	386	355	341	315

　　除了最小林木间距，我们的算法同时要求用户输入树冠面积阈值参数 n 以从第一步分割得到的树冠群落中分离出单个树冠、需要模板数量参数，以及需要用户手动选择模板。对于树冠大小不均的森林来说，应当选取较小的树冠面积阈值以保证单树冠可以被选择出来。选取的模板数量和类型应当可以代表不同的树冠形状和大小。

　　在取得了树顶信息后，我们采用爬山法勾勒出单株立木树冠的边界。我们的方法是对 Persson 等（2002）和 Pouliot 等（2005）中提出的算法的改进。在这两个方法中，树顶信息未知；同时，他们的方法强制要求图像中的每个像素向上爬，直到周围所有的像素亮度均低于某一点。然后将该点定义为树顶，将所有爬到这个顶点的像素划归属于同一个树冠。这两个方法的潜在问题均在于其有可能会找到伪树顶[如图 5-4（b）中的 P1 点]。通过该方法定义的树顶与 3×3 局部光谱最大值滤波方法（Pouliot et al., 2005）相同，都会产生树顶数量的高估（表 5-7）。本章提出的算法改进了这一点，去除伪树顶，并且将伪树顶区域内的像素归属到真实的树顶上。

5.6 结 论

本章提出了一个基于主动轮廓模型和爬山法的树冠检测与勾勒的方法。基于区域的主动轮廓模型提供了树冠区域的初始边界。随后,通过同时考虑树冠的光谱和形状信息检测单个树木的树顶,并进一步用森林专家知识对树顶检测结果进行改进。最后采用爬山法将树冠区域中的每一个像元归属到其中的树冠顶点。

通过对树木数量估算结果的分析以及对参考树冠和勾勒树冠之间对应关系的分析,我们发现本章提出的新方法在树木检测和树冠勾勒上均取得了成功,这个结果不仅适用于垂直航空图像(Emerge 和数字正射影像),而且也适用于入射天底偏角的 QuickBird 卫星影像。与现有的区域生长算法相比,本章提出的算法在树木检测与勾勒的准确度上提高了 10%。同时我们的算法提供了准确的冠径估测(在正射影像和 Emerge 影像上的平均误差为 0.24~0.42 m)或树冠面积估计(在 QuickBird 影像上平均误差为 0.42~1.05 m^2)。在不同影像上的实验结果表明,新算法可适用于各种成像条件下采集的影像。通过与实地采集的参考数据进行比较评估表明,新算法得出的结果更加准确,勾勒出的树冠和实地采集的树冠信息更加吻合。我们发现采用本章提出的算法,在图像中勾勒出的树冠直径和实地观测的树冠直径线形相关性更高,这说明我们可以采用本算法对实地树冠信息进行估测(R^2 = 0.69)。我们对算法本身的评价表明,本章提出的新方法在树冠检测与勾勒的所有步骤中,均具有较大优势。

与此同时,我们发现入射天底偏角较大时采集的影像中月牙形树冠很难和实地测量的树冠直接联系起来。因此,今后的研究我们将考虑采用入射天底偏角影像的几何和辐射特性来得到更准确的树冠大小信息，从而提供更准确的林木蓄积量估算。我们将在不同的森林条件下对算法进行测试。在今后的研究中，我们还会考虑应用勾勒树冠信息来提高在森林林分尺度上的树种分类和森林健康分析。

参考文献

[1]   Brandtberg T. 1998. Automated delineation of individual tree crowns in high spatial resolution aerial images by multiple-scale analysis[J]. *Machine Vision and Applications*，11：64-73.

[2]   Bunting P，Lucas R M. 2006. The delineation of tree crowns in Australian mixed species forests using hyperspectral Compact Airborne Spectrographic Imager （CASI）data[J]. *Remote Sensing of Environment*，101：230-248.

[3]   Culvenor D S. 2000. Development of a Tree Delineation Algorithm for Application to High Spatial Resolution Digital Imagery of Australian Native Forest. *PhD Dissertation，University of Melbourne，Melbourne，Australia.*

[4]   Culvenor D S. 2002. TIDA：an algorithm for the delineation of tree crowns in high spatial resolution remotely sensed imagery[J]. *Computers & Geosciences*，28：33-44.

[5]   Erikson M. 2004. Species classification of individually segmented tree crowns in high-resolution aerial images using radiometric and morphologic image measures[J]. *Remote Sensing of Environment*，91：469-477.

[6]   Gong P，Sheng Y，Biging G S. 2002. 3D model-based tree measurement from high-resolution aerial imagery[J]. *Photogrammetric Engineering and Remote Sensing*，68：1203-1212.

[7]   Gougeon F A. 1995. A crown-following approach to the automatic delineation of individual tree crowns in high-spatial resolution aerial images[J]. *Canadian Journal Remote Sensing*，21：274-284.

[8]   Gougeon F A，Leckie D G. 2003. Forest information extraction from high spatial resolution images using an individual tree crown approach. In *Information Report BC-X-396*，F.A. Gougeon and D. G. Leckie （eds）pp. 1-17 （Victoria，B.C.: Pacific Forestry Centre）.

[9]   Huang S B, Shibasaki R. 1995. Development of genetic algorithm hill-climbing method for spatio-temporal interpolation. *Proceedings of The 6th symposium on Functional Image Inf. System IIS*, April 1995, Tokyo, Japan, pp. 81-86.

[10]   Kangas A, Maltamo M. 2006. *Forest Inventory: Methodology and Applications* (*Managing Forest Ecosystem*).Springer, Netherlands, 362p.

[11]   Kass M, Witkin A, Terzopoulos D. 1987. Snakes: active contour models[J]. *International Journal of Computer Vision*, 1: 321-331.

[12]   Ke Y, Quackenbush L J. 2009. A comparison of three methods for automatic tree crown detection and delineation methods from high spatial resolution imagery. *International Journal of Remote Sensing*. in press.

[13]   Larmar W R, McGraw J B, Warner T A. 2005. Multitemporal censusing of a population of eastern hemlock(Tsuga Canadensis L.)from remotely sensed imagery using an automated segmentation and reconciliation procedure[J]. *Remote Sensing of Environment*, 94: 133-143.

[14]   Leckie D G, Jay C, Gougeon F A, et al. 2004. Detection and assessments of trees with Phellinus weirii (Laminated root rot) using high resolution multispectral imagery[J]. *International Journal of Remote Sensing*, 25: 793-818.

[15]   Leckie D G, Gougeon F A, Tinis S, et al. 2005. Automated tree recognition in old growth conifer stands with high resolution digital imagery[J]. *Remote Sensing of Environment*, 94: 311-326.

[16]   Leckie D G, Gougeon F A, Walsworth N, et al. 2003. Stand delineation and composition estimation using semi-automated individual tree crown analysis[J]. *Remote Sensing of Environment*, 85: 355-369.

[17]   Li C, Kao C Y, Gore J C, et al. 2007. Implicit Active Contours Driven by Local Binary Fitting Energy. *Proceedings of 2007 IEEE conference on Computer Vision and Pattern Recognition*, 17-22 June 2007, Minneapolis, Minnesota, USA, pp. 1-7.

[18]   Persson Å, Holmgren J, Söderman U. 2002. Detecting and measuring individual trees using an Airborne Laser Scanner[J]. *Photogrammetric Engineering & Remote Sensing*, 68: 925-932.

[19]   Pollock R J. 1999. Individual tree recognition based on a synthetic tree crown image model. In *Proceedings of the International Forum on Automated Interpretation of High Spatial Resolution Digital Imagery for Forestry*, 10-12 February 1998,

Victoria，British Columbia，Canada，D.A. Hill and D.G. Leckie（Eds）pp. 25-34
（Victoria，BC：Canadian Forest Service，Pacific Forestry Centre）.

[20] Pouliot D A，King D J. 2005. Approaches for optimal automated individual tree crown detection in regenerating coniferous forests[J]. *Canadian Journal of Remote Sensing*，31：255-267

[21] Pouliot D A，King D J，Bell F W，et al. 2002. Automated tree crown detection and delineation in high-resolution digital camera imagery of coniferous forest regeneration[J]. *Remote Sensing of Environment*，82：322-334.

[22] Pouliot D A，King D J，Pitt D G. 2005，Development and evaluation of an automated tree detection-delineation algorithm for monitoring regenerating coniferous forests[J]. *Canadian Journal of Forest Research*，35：2332-2345.

[23] Quackenbush L J，Hopkins P F，Kinn G J. 2000.Using template correlation to identify individual trees in high resolution imagery. *Proceedings of the 2000 ASPRS Annual Conference*，22-26 May 2000，Washington，D.C（American Society of Photogrammetry and Remote Sensing，Bethesda，Maryland），unpaginated CD-ROM.

[24] Tsai A，Yezzi A J，Tempany C，et al. 2003. A shape-based approach to the segmentation of medical imagery using level sets[J]. *IEEE Transaction on Medical Imaging*，22：137-154.

[25] Walsworth N A，King D J. 1999. Comparison of two tree apex delineation techniques. In Proceedings of the International Forum on Automated Interpretation of High Spatial Resolution Digital Imagery for Forestry，10-12 February 1998，Victoria，British Columbia，Canada，D.A. Hill and D.G. Leckie（Eds）pp. 93-104（Victoria，BC：Canadian Forest Service，Pacific Forestry Centre）.

[26] Wang L，Gong P，Biging G S. 2004. Individual Tree-Crown Delineation and Treetop Detection in High-Spatial Resolution Aerial Imagery[J]. *Photogrammetric Engineering and Remote Sensing*，70：351-357.

[27] Wulder M，Niemann K O，Goodenough D G. 2000. Local Maximum Filtering for the Extraction of Tree Locations and Basal Area from High Spatial Resolution Imagery[J]. *Remote Sensing of Environment*，73：103-114.

[28] Xu C，Pham D，Prince J. 2000. Image segmentation using deformable models. Handbook of Medical Imaging. Vol.2 Medical Image Processing and Analysis，J. Fitzpatrick and M. Sonka，（eds）pp. 129-174（London：SPIE Press）.

第6章　结论和展望

6.1　总　结

本书讨论了遥感数据在森林清查分析的应用，主要集中在如何利用高空间分辨率遥感影像和 LIDAR 数据进行林分尺度和单株立木尺度上森林资源清查的技术方法和手段。在本书第 1 章，我们提出和概述了本书所述内容的假设。在本章，我们将通过回顾第 1 章所提及假设的方式来总结本书的结论，并由此提出对于未来研究的想法。

6.2　研究假设 1：协同利用高分辨率光学影像和低点云密度 LIDAR 数据，相比较单独使用其中任意一种数据，可有效提高森林树种分类的精度

在第 2 章中，我们将 QuickBird 多光谱影像和 LIDAR 数据融合，利用基于对象的分类方法进行五种森林树种的识别。我们在

图像分割和随后的基于对象的图像分类两个环节中均考虑了两种数据源的集成。我们利用机器学习决策树来建立树种分类的分类规则集。分类结果的精度评价表明，无论是在图像分割还是基于对象的分类环节中，QuickBird 和 LIDAR 数据二者的融合相比单独使用任意一种数据显著提高了森林植被分类的效率和精度。对于森林分类来说，每种数据源都起到不同的作用：例如，QuickBird 多光谱图像可突出森林树种之间的光谱差异，并且有助于森林范围边界的界定；由 LIDAR 数据衍生出的高度图层有利于减少林分内部的差异，而增强类间的高度差异。尽管低点云密度的 LIDAR 数据不能直接估计出单株数目的高度，但是由第一次回波点和裸露地表信号之间的差异确实能区分出不同的林分高度。相比高点云密度 LIDAR 数据，本书中的 LIDAR 数据从成本上来讲更加高效。

　　由于在面向对象分类的过程中尺度是一个很重要的问题，本书第 2 章还探索了如何选择最佳尺度进行基于对象的森林树种分类。通常来说，对于如何确定最佳尺度，该方面的研究主要集中于如何识别一个最佳尺度，使之能够产生最佳分类结果。然而，我们通过对不同尺度之间的分割、分类结果比较，我们得到了一个最佳尺度范围，这是由于这个范围内的尺度参数均能够产生相似的最佳分类结果。本书中的这个发现有助于我们在未来的研究中提出一种基于对象影像分析的最佳尺度确定方法。

6.3 研究假设 2：本研究提出的基于高分辨率遥感影像的单株立木树冠检测和勾勒算法可以在不同成像条件下提供精确的树木位置和冠幅信息

这个假设在本书中通过以下步骤进行评估：①我们综述和比较了现有树冠检测和勾勒算法；②在此基础上，我们提出了一个新的算法，并且对新算法进行测试，评价其是否能够克服现有算法局限性，在树冠检测和勾勒上适用于不同的影像成像条件，并且提供更高的精度。本书第 3 章回顾了当前已发表的树冠自动检测和勾勒算法。该章对现有算法进行分类，讨论了算法应用的不同类型的影像，以及这些算法所应用研究区域的特征。该章的文献综述表明，当前的大多数算法都应用于针叶林的垂直影像上。然而，对于算法结果的评价，现有的文献却采用了不同的评价方法。因此，仅基于现有的文献，这些算法之间很难进行比较。本书第 4 章则比较了三种典型的单株立木树冠检测与勾勒算法——分水岭算法、区域生长算法、低谷跟踪算法——利用垂直航空图像和入射天底偏角为 11°的 QuickBird 全色影像分别进行针叶林和阔叶林的树冠检测与勾勒。该研究提出了一个标准算法精度评估框架，在此框架下，对三种算法进行结果比较与优缺点分析。这个框架致力于为树冠检测与勾勒算法提供一套完整的评估机制。评估框架由样方尺度的树木总量评价、单株树木尺度的树冠检测评价以及树冠冠幅估算评价组成。通过三种算法比较发现，在三种现有算法中，区域生长算法在树冠检测与勾勒方面的精度最高；由于入射天底偏角较大，QuickBird 影像的树冠检测精度较低；没有任何一种算法能够精确地勾勒出阔叶林分的单

遥感技术在自动化森林资源清查中的应用研究

株树冠。

　　基于对现有算法的理解，本书第 5 章旨在建立一种适用于不同成像条件下的高分辨率遥感影像单株立木树冠检测与勾勒新算法。算法的建立基于主动轮廓模型和爬山算法。算法综合考虑了树冠在不同成像条件下的光谱和几何特征，同时还考虑了有关林分的专家知识来提高树冠检测准确度。与区域生长算法相比，新算法应用于三种影像：2001 年获取的真彩色垂直航空影像、2004 年获取的 QuickBird 入射天底偏角较大的 QuickBird 影像以及 2006 年获取的真彩色数字正射影像上均提高了树冠检测与勾勒精度。利用地面实测树冠验证同样证实新算法在树冠直径估算上具有较高的精度。

6.4　未来研究方向

　　本书论证了遥感数据在自动化森林资源清查分析两方面的应用，包括在树种分类中的应用和在单株立木树冠监测与勾勒中的应用。书中讨论的结果具有较强的应用价值，并且为进一步研究遥感数据在林业中的应用提供了指导。正如第 1 章中探讨所述，在当今实际森林资源分析中，例如美国的 FIA 和加拿大的 NFI，都大量依赖于实地考察和测量。虽然本书的研究也进行了野外实地测量以建立训练和验证数据样本，但相比当前实际的森林资源清查实测操作来说，实地测量所需数据量要少得多。遥感对于森林资源清查与分析来说无疑是一个高效的工具。然而，在现阶段遥感这方面的应用仍然处于研究阶段，在今后的研究中，我们需要将本书中提出的方法集成为软件应用于实际森林资源管理中。由 Kini 等（2004）研发的 TreeVaW 软件就是该方面的一个有益尝试，该软件由 IDL 语言编写，对高点云密度 LIDAR 数据进行单株立木定位、树高提取以及冠幅估测。除此之外，我们更需要在今后的研究中开发出一套功能齐全的软件，处理一系列遥感影像，可将不同数据源的数据融合进行森林资源清查，并且能够与用户交互式运行，比如允许用户进行结果检验和调整等。

本书中对研究结果的分析也提出了一些需要在今后加以解决的问题。在本书提到的研究中，林区主要包括人工林和天然林，针叶林大多是纯树种人工林。这种均匀的特点有利于树种分类和树冠检测与勾勒。今后的研究需要测试研究提出的方法在其他林区的应用，特别是在包含多种树种的天然林中。在这种更复杂的情况下，本书第 2 章提出的基于 QuickBird 多光谱影像和 LIDAR 数据的融合分类，仍有望区分出不同林型。但是，树冠检测和勾勒算法在混合树种和异龄林分中的准确性必然会降低；在这种情况下，树冠大小与合适像元尺寸的问题仍然没有解决，如何确定最佳像元大小以检测不同大小和形状的树冠都需要在今后的研究中得到解决。落叶树树冠的检测与勾勒也亟待解决。研究表明，由于落叶树树冠形状不规则，很难检测和勾勒落叶树冠。高空间分辨率遥感影像中波段数的增加，或者高采样密度的 LIDAR 数据有望通过定义更均匀的树冠区域来解决这个问题。

对于高空间分辨率影像，本书第 2 章已验证基于对象的分类方法优于基于像元的分类方法（Thomas et al.，2003；Chubey et al.，2006；Yu et al.，2006）。然而，基于对象的影像分析中尚有一些问题仍未解决。比如本书第 2 章中所讨论的，其中一个问题就是对象的最优尺度自动选取还需要深入研究。而有效利用地面参考数据有望协助最优尺度的选取。具体来说，我们可以利用准确描绘林分边界的多边形作为参考，并用这些参考多边形选择合适的分割尺度。另一个问题是对基于对象的分类精度评估。正如第 2 章中所讨论的，图像分割质量评估和分割对分类精度的影响还需要更深入的研究。图像分割结果可以通过对象大小、形状和实际地面参考多边形的比较进行评估。今后的研究还将验证分割精确度和结果分类精确度之间的关系。这种验证将会增强基于对象影像分析的整体理解。

本研究提出并开发了一种单株树冠检测与勾勒算法。这种算法精确地估算出树冠的位置和冠径。通过研究结果，我们有望利用树冠冠径和胸径与树高的关系来估算单株立木材积。Zhang（2009）提出利用变量误差回归模型由树冠直径估算胸径，得到 R^2 为 58%。在今后的研究中，我们将探索如何利用多光谱或高光谱信息，通过单株立木树冠提取来识别树种及生长趋势。

近几十年来，遥感技术的快速发展产生了大量的遥感数据，极大促进了遥感技术的应用。从这些数据中提取有用信息成为遥感领域一个重要研究热点。如何在实际的森林管理中利用这些信息，并指导人类活动，已经成为并将一直成为另一个重大的研究方向。

参考文献

[1] Chubey M S，Franklin S E，Wulder M A. 2006. Object-based analysis of IKONOS-2 imagery for extraction of forest inventory parameters[J]. *Photogrammetric Engineering and Remote Sensing*，72：383-394.

[2] Kini A，Popescu S C. 2004. TreeVaW:a versatile tool for analyzing forest canopy LIDAR data:A preview with an eye towards future[CD]. *Proceedings of ASPRS 2004 Fall Conference，Kansas City，Missouri*.

[3] Thomas N，Hendrix C，Congalton R G. 2003. A comparison of urban mapping methods using high-resolution digital imagery[J]. *Photogrammetric Engineering and Remote Sensing*，69：963-972.

[4]   Yu Q，Gong P，Clinton N，et al. 2006. Object-based detailed vegetation classification with airborne high spatial resolution remote sensing imagery[J]. *Photogrammetric Engineering and Remote Sensing*，72：799-811.

[5]   Zhang W. 2009. Prediction of tree parameter from remotely sensed imagery[D]. *New York:State University of New York College of Environmental Science and Forestry*，72.

遥感技术在自动化森林资源清查中的应用研究

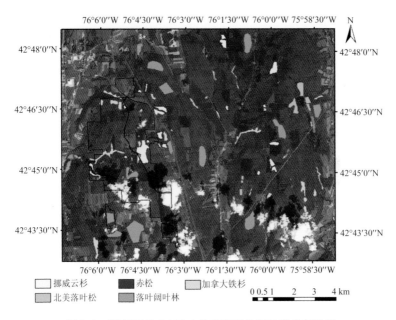

图 2-1　研究区 QuickBird 多光谱影像以及参考多边形

注：Heiberg 纪念森林用黑色框表示。

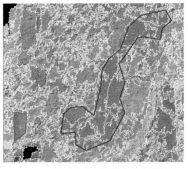

（a）尺度参数为 100 时，基于光谱的分割　（b）尺度参数为 200 时，基于光谱的分割

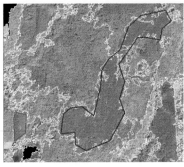

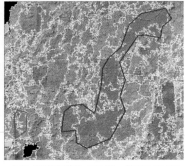

（c）尺度参数为 250 时，基于　　　（d）尺度参数为 100 时，基于 LIDAR

光谱的分割　　　　　　　　　数据的分割

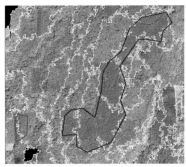

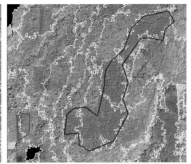

（e）尺度参数为 200 时，基于　　　（f）尺度参数为 250 时，基于

LIDAR 数据的分割　　　　　　LIDAR 数据的分割

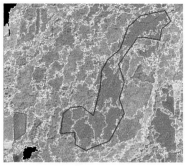 

（g）尺度参数为 100 时，基于光谱/
LIDAR 数据协同的分割

（h）尺度参数为 200 时，基于光谱/
LIDAR 数据协同的分割

☐ Stand 1　　☐ Stand 2

0　0.25　0.5　0.75　1 km

（i）尺度参数为 250 时，基于光谱/LIDAR 数据协同的分割

图 2-3　三种分割方案影像分割结果

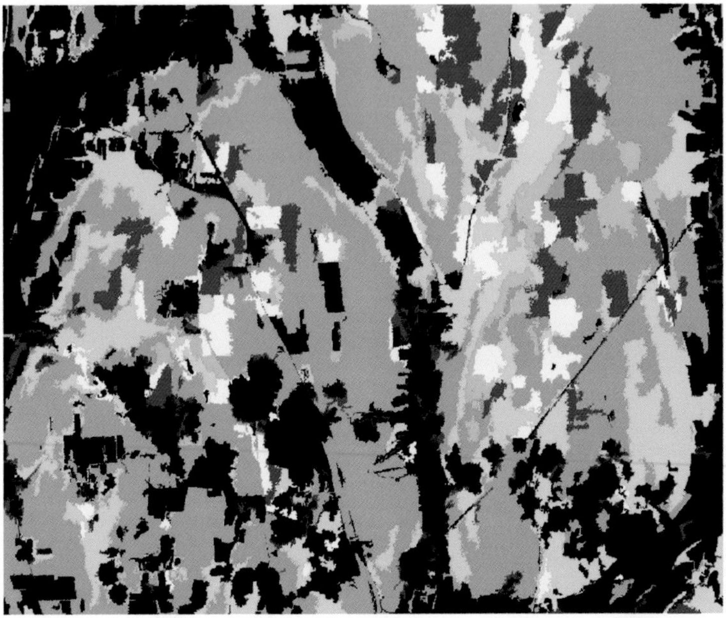
挪威云杉
红松
铁杉
北美落叶松
落叶松
非森林

图 2-10　尺度参数为 250，基于光谱/LIDAR 数据协同进行分割、分类的树种分布图

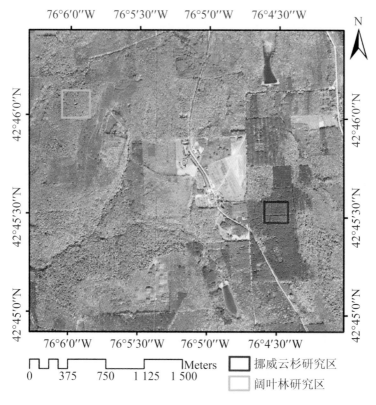

图 4-1　研究区域地理位置

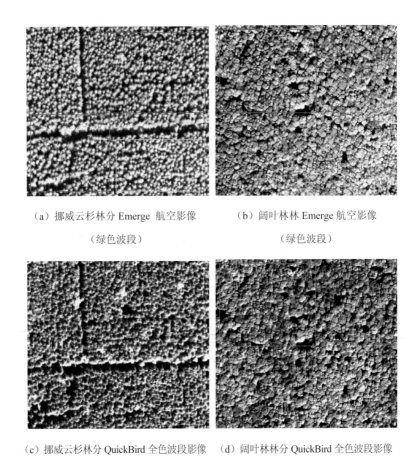

（a）挪威云杉林分 Emerge 航空影像　　　　（b）阔叶林林 Emerge 航空影像
（绿色波段）　　　　　　　　　　　（绿色波段）

（c）挪威云杉林分 QuickBird 全色波段影像　　（d）阔叶林林分 QuickBird 全色波段影像

图 4-2　挪威云杉和阔叶林林分 Emerge 航空影像和 QuickBird 全色波段影像

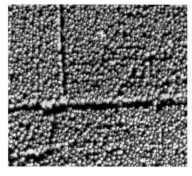 

（a）低谷跟踪算法　　　　　　　（b）区域生长算法

（c）分水岭算法

图 4-3　Emerge 航空影像挪威云杉单株立木树冠勾勒结果

（a）低谷跟踪算法 （b）区域生长算法

（c）分水岭算法

图 4-4　Emerge 航空影像阔叶林林分单株立木树冠勾勒结果

　　　　　　　　　　　遥感技术在自动化森林资源清查中的应用研究

（a）低谷跟踪算法　　　　　　　　（b）区域生长算法

（c）分水岭算法

图 4-5　QuickBird 全色波段影像挪威杉林分单株立木树冠勾勒结果

（a）低谷跟踪算法　　　　　　　　（b）区域生长算法

（c）分水岭算法

图 4-6　QuickBird 全色波段影像阔叶林林分单株立木树冠勾勒结果

　　　　　　　　遥感技术在自动化森林资源清查中的应用研究

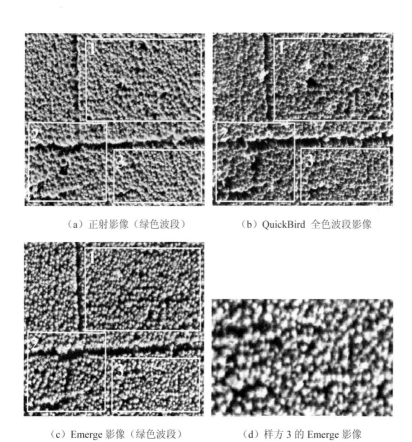

（a）正射影像（绿色波段）　　　（b）QuickBird 全色波段影像

（c）Emerge 影像（绿色波段）　　　（d）样方 3 的 Emerge 影像

图 5-1　挪威杉样方影像

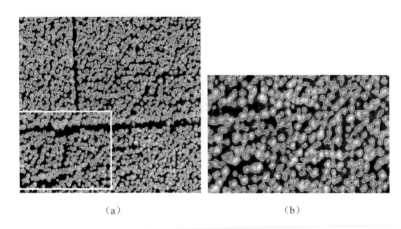

（a）　　　　　　　　　　　（b）

图 5-3　（a）Emerge 影像中由主动轮廓模型划分的树冠（或树冠集群）区域边界；样方 3 的边界由白色方框显示；（b）经放大后的样方 3 影像

　　　　　　　遥感技术在自动化森林资源清查中的应用研究

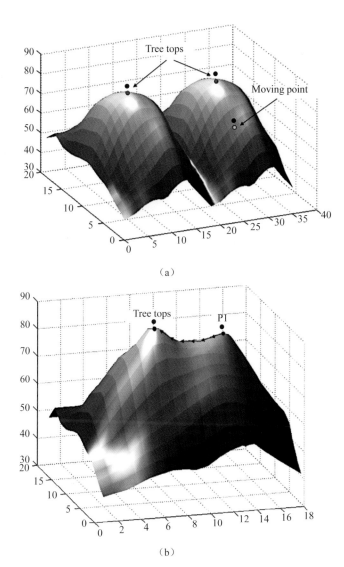

图 5-4　（a）树冠对象影像的三维显示，该区域有两个树冠顶点（tree tops）；

（b）只有一个树冠顶点的树冠对象三维显示

 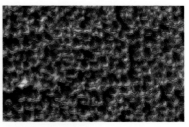

（a）数字正射影像（2006 年 4 月）　　　（b）QuickBird（2004 年 8 月）

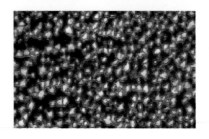

（c）Emerge 绿色波段影像（2001 年 10 月）

图 5-5　样方 3 中单株立木挪威杉树冠勾勒结果

注：红色多边形表示树冠边缘。

遥感技术在自动化森林资源清查中的应用研究